首都经济贸易大学中国ESG研究院
CUEB China ESG Institute

中国ESG研究院文库
主　编：钱龙海　柳学信

ESG理论与实践

王大地　黄 洁　主编

ESG Theory and Practice

经济管理出版社
ECONOMY & MANAGEMENT PUBLISHING HOUSE

图书在版编目（CIP）数据

ESG 理论与实践/王大地，黄洁主编．—北京：经济管理出版社，2021.8（2024.1 重印）
（中国 ESG 研究院文库/钱龙海，柳学信主编）
ISBN 978－7－5096－7953－1

Ⅰ.①E…　Ⅱ.①王…②黄…　Ⅲ.①企业环境管理—研究—中国　Ⅳ.①X322.2

中国版本图书馆 CIP 数据核字(2021)第 079971 号

组稿编辑：梁植睿
责任编辑：梁植睿
责任印制：黄章平
责任校对：陈晓霞

出版发行：经济管理出版社
（北京市海淀区北蜂窝 8 号中雅大厦 A 座 11 层　100038）
网　　址：www.E－mp.com.cn
电　　话：（010）51915602
印　　刷：唐山玺诚印务有限公司
经　　销：新华书店
开　　本：720mm×1000mm/16
印　　张：15.5
字　　数：223 千字
版　　次：2021 年 8 月第 1 版　　2024 年 1 月第 8 次印刷
书　　号：ISBN 978－7－5096－7953－1
定　　价：68.00 元

联系地址：北京阜外月坛北小街 2 号
电话：（010）68022974　　邮编：100836

中国 ESG 研究院文库总序

环境、社会和治理是当今世界推动企业实现可持续发展的重要抓手，国际上将其称为 ESG。ESG 是 Environmental（环境）、Social（社会）和 Governance（治理）三个英文单词的首字母缩写，是企业履行环境、社会和治理责任的核心框架及评估体系。为了推动落实可持续发展理念，联合国全球契约组织（UNGC）于 2004 年提出了 ESG 概念，得到各国监管机构及产业界的广泛认同，引起国际多双边组织的高度重视。ESG 将可持续发展包含的丰富内涵予以归纳整合，充分发挥政府、企业、金融机构等主体作用，依托市场化驱动机制，在推动企业落实低碳转型、实现可持续发展等方面形成了一整套具有可操作性的系统方法论。

当前，在我国大力发展 ESG 具有重大战略意义。一方面，ESG 是我国经济社会发展全面绿色转型的重要抓手。中央财经委员会第九次会议指出，实现碳达峰、碳中和"是一场广泛而深刻的经济社会系统性变革"，"是党中央经过深思熟虑作出的重大战略决策，事关中华民族永续发展和构建人类命运共同体"。为了如期实现 2030 年前碳达峰、2060 年前碳中和的目标，党的十九届五中全会提出"促进经济社会发展全面绿色转型"的重大部署。从全球范围来看，ESG 可持续发展理念与绿色低碳发展目标高度契合。经过十几年的不断完善，ESG 在包括绿色低碳在内的环境领域已经构建了一整套完备的指标体系，通过联合国全球契约组织等平台推动企业主动承诺改善环境绩效，推动金融机构的 ESG 投资活动改变被投企业行为。目前联合国全球契约组织已经聚集了超过 1.2 万家领军企业，遵循 ESG 理念的投资机构管理的资产规模超过 100 万亿美元，汇聚成为推动绿色低碳发展的强大力量。积极推广 ESG 理念、建立 ESG 披露标准、完善 ESG 信息披露、促进企业 ESG 实践，充分发挥 ESG 投资在推动碳达峰、碳中和过程中的激励约束作用，是我国经济社会发展全面绿色转型的重要抓手。

另一方面，ESG 是我国参与全球经济治理的重要阵地。气候变化、极端天气是人类面临的共同挑战，贫富差距、种族歧视、公平正义、冲突对立是人类面临的重大课题。中国是一个发展中国家，发展不平衡不充分的问题还比较突出；同时，中国也是一个世界大国，对国际社会负有大国责任。2021 年 7 月 1 日，习近平总书记在庆祝中国共产党成立 100 周年大会上的重要讲话中强调，中国始终是世界和平的建设者、全球发展的贡献者、国际秩序的维护者，展现了负责任大国致力于构建人类命运共同体的坚定决心。大力发展 ESG 有利于更好地参与全球经济治理。

大力发展 ESG 需要打造 ESG 生态系统，充分协调政府、企业、投资机构及研究机构等各方关系，在各方共同努力下向全社会推广 ESG 理念。目前，国内关于绿色金融、可持续发展等主题已有多家专业研究机构。首都经济贸易大学作为北京市属重点研究型大学，拥有工商管理、应用经济、管理科学与工程和统计学四个一级学科博士学位点及博士后站，依托国家级重点学科“劳动经济学”、北京市高精尖学科“工商管理”、省部共建协同创新中心（北京市与教育部共建）等研究平台，长期致力于人口、资源与环境、职业安全与健康、企业社会责任、公司治理等 ESG 相关领域的研究，积累了大量科研成果。基于这些研究优势，首都经济贸易大学与第一创业证券股份有限公司、盈富泰克创业投资有限公司等机构于 2020 年 7 月联合发起成立了首都经济贸易大学中国 ESG 研究院（China Environmental, Social and Governance Institute，以下简称研究院）。研究院的宗旨是以高质量的科学研究促进中国企业 ESG 发展，通过科学研究、人才培养、国家智库和企业咨询服务协同发展，成为引领中国 ESG 研究和 ESG 成果开发转化的高端智库。

研究院自成立以来，在科学研究、人才培养及对外交流等方面取得了突破进展。研究院围绕 ESG 理论、ESG 披露标准、ESG 评价及 ESG 案例开展科研攻关，形成了系列研究成果。一些阶段性成果此前已通过不同形式向社会传播，如在《当代经理人》杂志 2020 年第 3 期“ESG 研究专题”中发表，在 2021 年 1 月 9 日研究院主办的首届“中国 ESG 论坛”上发布等，产生了较大的影响力。近期，研究院将前期研究课题的最终成果进行了汇总整理，并以“中国 ESG 研究院文库”的形式出版。这套文库的出版，能够多角度、全方位地反映中国 ESG 实践与理论研究的最新进展和成果，既有利于全面推广 ESG 理念，也可以为政府部门制定 ESG 政策和企业开展 ESG 实践提供重要参考。

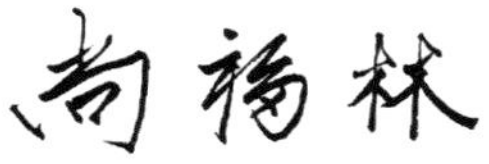

首都经济贸易大学中国ESG研究院
理论研究中心课题组

课题组负责人：王大地

课题组协调人：黄　洁　王珊珊　严一锋

课题组主要成员：史孟娅　钱玲玲　冯　悦

郑珊珊　蔡　凝　王艺颖

杜泽民

前　言

可持续发展是20世纪80年代以来人类反思历史和展望未来所提出的发展理念，也是当前引领人类社会发展的总纲领。企业作为人类经济活动的基本单元，是可持续发展不可或缺的重要推手。ESG是可持续发展理念在企业界的投影。ESG为Environmental（环境）、Social（社会）和Governance（治理）三个英文单词的首字母缩写，其核心观点是：企业管理和金融投资不应仅考虑经济和财务指标，还应将企业活动和投资行为对环境、社会以及更广阔范围内利益相关者的影响一并评估，从而促进人类社会的可持续发展。ESG的渊源可追溯至20世纪后半叶出现的环保运动和企业社会责任、社会责任投资、绿色金融等理念。2004年，由联合国全球契约组织撰写的报告*Who Cares Wins*将环境、社会和治理等维度的诸多既有理念归纳整合，正式提出了ESG这一具有高度包容性且横跨三个维度的宏大理念。

经过十几年的迅猛发展，已有大量企业和投资者将ESG所提倡的理念融入管理和投资决策。到2020年，在具有代表意义的标准普尔500家大型企业中，已有超过490家企业宣布在公司战略中加入ESG因素；管理全球一半资产以上的投资机构已承诺将ESG因素纳入投资决策。当前，围绕ESG已经形成了一个较为完备的生态系统，包括GRI、SASB等ESG信息披露标准，MSCI、富时罗素等ESG指标体系和评价方法，ESG指数和ESG ETF等丰富多样的投资工具，负面屏蔽和正面筛选等多种ESG投资策略，以及由政府和交易所稳步推进中的 ESG 相关法规。可见，如今 ESG 已成为国际企业界和金融界重要的管理和投资理念。可以预期，随着可持续发展理念更加广泛和深入地影响人类的经济活动，ESG 将在金融投资和企业管理中起到更加重要的指导作用。

本书从理论内涵、发展脉络、评价体系、评价方法、驱动因素、现实案例、趋势挑战等多个方面对 ESG 理论与实践展开研究分析。全书共分为 6 章：第 1 章概论部分阐述 ESG 理念的定义与内涵，梳理 ESG 理念的发展脉络，剖析 ESG 生态系统的各个组成部分，并阐明 ESG 对于中国经济高质量发展的意义。第 2 章论述 ESG 三个维度下涉及的相关理论。第 3 章论述当前世界上较有影响力的 ESG 披露标准和评价体系，包括 GRI、SASB、IIRC 等机构制定的 ESG 披露标准，MSCI、富时罗素、汤森路透等机构推出的 ESG 指标框架和评分方法。同时，该章也简要探讨了不同机构 ESG 评价结果的有效性和一致性。第 4 章分析企业采取 ESG 措施的驱动因素，以及 ESG 与企业财务绩效之间的关联。第 5 章从 ESG 措施、ESG 风险和 ESG 表现等方面，分析六个行业的十余家具有代表性公司的案例，从中挖掘企业践行 ESG 的难点和具有启示意义的亮点举措。第6 章探讨 ESG 发展过程中的主要挑战，并提出中国构建 ESG 框架的建议。希望本书能够为 ESG 相关问题的研究者、ESG 相关从业者和一般读者提供有益的参考与启示。

首都经济贸易大学中国 ESG 研究院钱龙海理事长，柳学信院长，申建军、姚东旭、符学东、赵喜玲、张学平、王凯、黄冬萍等研究院专家都在写作过程中为本书提出了宝贵建议。史孟娅、钱玲玲、冯悦、郑珊珊、蔡凝、王艺颖、杜泽民、林倩因等研究生同学参与了本书的写作。本书的写作过程也得到了国家自然科学基金（项目编号：72002140、71974201）和首都经济贸易大学中国 ESG 研究院的资助。在此对所有支持本书完成的人员和机构表示衷心感谢。

目　　录

第1章 ESG概论

人类文明自18世纪工业革命以来取得了亘古未有的巨大发展。凭借科学与技术的突破，人类理解和驾驭自然世界的能力取得了跨越式进步。同时，科技突破辅以组织制度的创新，带来人类经济活动的空前繁荣，创造出巨大的物质财富。然而，自20世纪中叶以来，人类已经逐渐意识到，工业革命以来人类文明的大发展带来了严重的环境和社会问题，如果不解决这些问题，人类文明的发展将反噬人类自身。为应对发展所导致的环境问题和社会问题，人类从20世纪60年代开始进行系统性反思：人类与自然是何种关系，人类发展的终极目标应该是什么。基于这些反思，联合国世界环境与发展委员会在1987年发布的《布伦特兰报告》中提出了“可持续发展”理念，即人类发展须“既能满足我们现今的需求，又不损及后代子孙满足他们需求的能力”。“可持续发展”理念自提出以来，迅速成为人类发展的重要指导原则，贯穿于联合国发布的《地球宪章》《千年宣言》等纲领性指导文件中。尤其值得一提的是，2015年联合国193个成员国共同确立了17个可持续发展目标，作为引领全体人类社会2015～2030年发展的总纲领。

企业作为人类经济活动的基本单元和主要的社会组织，是推动可持续发展的中坚力量。ESG为“可持续发展”理念在企业界的具象投影，其内涵既包括企业追求可持续发展所应遵循的核心纲领，也包括企业践行可持续发展可借助的行动指南与工具。ESG是Environmental（环境）、Social

（社会）和 Governance（治理）三个英文单词的首字母缩写，是近年来兴起的企业管理和金融投资的重要理念。该理念的核心观点为：企业活动和金融行为不应仅追求经济指标，而须同时考虑环境保护、社会责任和治理成效等多方面因素，从而实现人类社会的可持续发展。ESG 理念的核心是企业多维度均衡发展。ESG 的相关理念，如企业社会责任和社会责任投资，在 20 世纪 70 年代即已出现。2000 年，时任联合国秘书长安南倡导成立了联合国全球契约组织（United Nations Global Compact，UNGC），号召全球企业遵守十项国际公认的价值观和原则。2004 年，联合国全球契约组织与 20 家金融机构联合发布了题为 *Who Cares Wins* 的著名报告，将这十项价值观和原则归纳整合为环境、社会和治理三个维度，正式提出了 ESG 理念。ESG 理念是企业可持续发展相关理念的集大成者，具有高度包容性。诸多其他理念如企业社会责任、企业环境责任、社会责任投资、绿色金融、影响力投资、企业公民等，都可以纳入 ESG 的范畴（见图 1.1）。2006 年，联合国成立了负责任投资原则组织（United Nations - supported Principles for Responsible Investment，UN PRI），旨在推动投资机构将 ESG 融入投资决策，从而通过投资这一强有力的抓手驱动 ESG 理念的实践和普及。到 2020 年 6 月，已有超过 3000 家投资机构签署了基于 ESG 理念的《联合国负责任投资原则》，承诺将 ESG 问题纳入投资的决策过程，这些签署机构管理着全球一半以上、总额逾百万亿美元的资产。

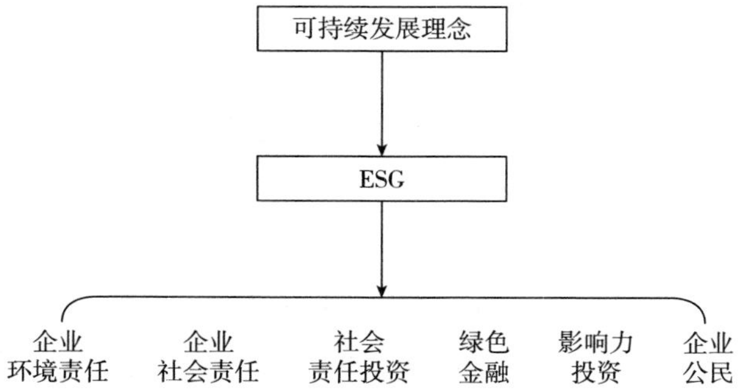

图 1.1　ESG 理念的由来与包容性

推动ESG理念在中国落地实践具有重要意义。首先，ESG理念可助力我国经济高质量发展。2017年党的十九大报告首次提出“高质量发展”，并指出“我国经济已由高速增长阶段转向高质量发展阶段”。2020年10月党的十九届五中全会通过了《中共中央关于制定国民经济和社会发展第十四个五年规划和二〇三五年远景目标的建议》（以下简称《建议》）。《建议》明确指出，“十四五”期间要“以推动高质量发展为主题”。企业是经济社会运行的基本单元，经济和社会的发展转型离不开企业的重要作用。ESG理念强调企业要注重生态环境保护、履行社会责任、提高治理水平，与高质量发展这一主题不谋而合。在理论上，ESG可为企业在环境、社会和治理三方面发展提供指导性原则，为企业高质量发展指明道路；在实践上，ESG可给出评价企业在环境、社会和治理三方面表现的方法和指标，为企业践行高质量发展提供必要的工具。

此外，《建议》强调，“十四五”期间我国经济和社会发展要贯彻“创新、协调、绿色、开放、共享的新发展理念”。ESG涵盖的诸多指标和新发展理念高度契合，可为企业贯彻新发展理念提供切实可行的抓手。ESG在环境方面，关注企业的污染治理、可再生能源利用、温室气体排放等因素，这些因素与“绿色”这一新发展理念高度契合。ESG在社会方面，关注企业的工作环境、供应链标准、慈善活动、社区关系、员工福利等因素，这些因素与“协调”“共享”的新发展理念相契合。ESG在治理方面，关注企业的商业道德、反竞争行为、股东权益保护等因素，这些因素与“创新”“共享”的新发展理念相契合。另外，《建议》还提出，“十四五”期间我国经济和社会发展的主要目标之一是“加快构建以国内大循环为主体、国内国际双循环相互促进的新发展格局”。ESG是国际主流的投资理念，指导着万亿美元的资本流动。ESG可促进国内企业按照更高的标准走向国际、融入国际大循环，实现高水平的“走出去”和金融市场的双向开放。因此，ESG也有助于企业贯彻“开放”这一新发展理念。

其次，ESG是国际主流的企业非财务信息披露体系。我国从20世纪

80 年代开始，逐步按照国际惯例，制定了针对财务信息披露的企业会计准则，显著提高了我国企业的财务透明度，有力推进了证券市场发展和国际经济交流。当前，越来越多的国家和地区已不满足于企业自愿披露 ESG 信息，已出台或正在制定强制性的 ESG 披露标准。建立基于 ESG 理念和符合我国国情的非财务信息披露规则，可为我国企业提供融入国际大循环的通行证。

本章将厘清 ESG 及其相关概念的定义和具体内涵，按照时间顺序梳理 ESG 理念的起源与发展，同时介绍 ESG 生态系统各组成部分。目前普遍认为 ESG 理念起源于西方社会，它进入我国的时间较晚，国内对 ESG 理念的普及推广也较少。因此，本章目的在于明晰读者对 ESG 理念的理解。ESG 理念的重要性已经基本成为全球共识，但不同评价机构和学者对 ESG 的定义仍然存在差异。本章第 1.1 节归纳总结既有的 ESG 定义。由于学术机构、咨询公司、基金公司、评级机构等各类组织的目标宗旨并不一致，它们对 ESG 三个维度下具体内容的阐述也不尽相同。本章第 1.2 节综合目前各方共识，归纳 ESG 三个维度的内涵，并介绍构成 ESG 实践的三个关键环节：ESG 披露、ESG 评价和 ESG 投资。本章第 1.3 节追溯 ESG 理念的起源，并梳理和剖析 ESG 发展历程中的重要事件。本章第 1.4 节围绕 ESG 生态系统的各个组成部分，通过研究各部分的运行如何影响 ESG 的发展，探讨如何构建一个高效的 ESG 生态系统。本章第 1.5 节阐述 ESG 与中国经济高质量发展的联系。

1.1 ESG 的定义与相关概念

20 世纪六七十年代，社会和环境资源可持续问题开始受到国际社会的普遍关注，随着社会公众对可持续发展的追求延伸至投资领域，与此相关的投资理念也应运而生。1971 年，顺应当时美国国内反对越南战争的浪潮，全球第一只社会责任投资基金——派克斯世界基金（Pax World Funds）在美国成立。1992 年，联合国环境规划署金融行动机构（UNEP FI）成立，机构口号之一“革新金融”意在提倡金融机构将可持续发展议题纳入业务决策过程（邱牧远、殷红，2019）。不过，直到 2004 年联合国全球契约组织等机构发布报告 *Who Cares Wins*，ESG 才首次作为一个整体概念进入公众视野。该报告指出，面对全球化背景下愈发激烈的市场竞争，只有有效应对环境、社会和治理的相关议题，企业才有机会从竞争中脱颖而出。此后，国际组织和投资机构的应用使 ESG 的内涵不断深化，各类 ESG 评价体系、ESG 投资产品纷纷进入市场，大量投资者都将 ESG 作为重点参考指标（闫伊铭等，2020）。

1.1.1 ESG 的定义

ESG 理念的兴起，有助于完善企业信息披露监管制度，因而受到国际社会的广泛欢迎。截至 2020 年，全球已有 60 多个国家和地区出台了 ESG 信息披露要求（李诗鸿，2019）。不过，尽管 ESG 已经成为全球流行的理念，其定义在学界依然众说纷纭，至今未形成统一定论。基于此，本节对国内外学者关于 ESG 的代表性观点进行梳理归纳。

环境、社会和治理（ESG）理念的前身，最早可追溯至 20 世纪 60 年代的社会责任投资（Socially Responsible Investment，SRI）理念。在 ESG 概念提出以后，衍生出不少强调环境、社会和治理重要性的观点。当前，国际社会上能体现 ESG 概念的代表性观点如下：①2006 年发布的由时任联合国秘书长科菲·安南牵头制定的《联合国负责任投资原则》（Principles for Responsible Investment，PRI），PRI 是针对投资者制定的投资原则，它明确要求投资者把 ESG 因素纳入投资分析和决策过程中，同时应寻求被投资实体合理披露 ESG 相关问题。②社会责任国际组织（Social Accountability International，SAI）认为，企业除了对股东负责外，也要承担相应的社会责任，包括恪守商业道德、保护劳工权益、保护自然环境、推进公益慈善和保护弱势群体。③世界银行集团成员国际金融公司（International Finance Corporation，IFC）制定了一系列 ESG 政策、指南和工具，它认为环境、社会和治理议题不仅关乎公司发展，与公司客户、当地社会、广泛的利益相关者也有切身利害关系（Camilleri，2015）。④MSCI 公司认为在投资决策过程中，除了财务因素外，还要考虑环境、社会和治理因素。⑤2019 年 8 月美国商业圆桌会议发布的《公司宗旨宣言书》认为，股东利益最大化不是公司的唯一宗旨，必须同时考虑所有利益相关者（客户、供应商、员工和当地社会）的利益。

在我国，ESG 作为新兴投资理念，符合现阶段经济发展要求，受到社会各界广泛关注。2013 年 12 月 10 日，习近平总书记在中央经济工作会议中首次提出“经济新常态”。2014 年 12 月 12 日，中央经济工作会议首次明确“经济新常态”的九大特征，会议还将环保问题上升到国家层面，指出发展绿色低碳经济是必走道路。由此可见，ESG 理念与我国追求的经济长期发展趋势是一致的。当前我国 ESG 投资尚处于萌芽阶段，各类文献大多沿用国际 ESG 理念的定义。但是，不同研究对 ESG 内涵的阐释则存在差异：屠光绍（2019）认为 ESG 投资的本质是价值取向投资，核心是把社会责任纳入投资决策，以改善投资结构、优化风险控制，投资的最终目的仍然是获得长期收益。2019 年《中国责任投资年度报告》对责任投资的定义则与《联合国负责任投资原则》的表述相似，认为责任投资是在传统投资的基础上，加入对投资对象的环境、社会和治理情况的考量，即 ESG 是践行责任投资时的重要参考指标。

1.1.2 ESG 的相关概念

应该注意到，ESG 并非是一个凭空而生的、孤立的概念，它融合归纳了一部分既有概念，并且通过其他衍生概念不断丰富其内涵。基于此，本节将介绍一系列 ESG 相关概念，包括社会责任投资、企业社会责任、负责任投资原则、影响力投资、绿色金融等，从而帮助读者理解 ESG 理念的发展脉络。

1.1.2.1 社会责任投资

美国社会责任投资论坛（USSIF）认为社会责任投资（SRI）是指在投资过程中，在经济分析的范围之内考虑投资对社会和环境产生的积极和消极后果。

Sehueth（2003）认为，社会责任投资缘起于历史上犹太人的道德投资，即以道德作为标准的投资原则。进入20世纪六七十年代，美国民权运动、女权意识觉醒、越南战争爆发与反战运动所引发的对社会议题的关注，使社会责任投资进入投资者的视野。此后，相继发生的“印度博帕尔毒气泄漏事件”和“美国埃克森·瓦尔迪兹号（Exxon Valdez）油轮漏油事件”，以及大量关于全球气候变化和臭氧层空洞的新闻报道，使人们对企业社会责任的关注度日益增加（Stubbs and Rogers，2013）。随着社会的发展，投资者对于社会问题的态度开始反映在他们的投资行为中，最终演化为“社会责任投资”概念。

社会责任投资旨在以投资影响企业行为，敦促企业履行社会责任。常见的投资策略包括七大类，分别是：专题投资、正面评优筛选策略、道德筛选、行业排除式筛选、整合式投资策略、影响力投资和股东主张（孙美等，2017）。例如，田祖海（2007）认为在“股东主张”策略下，公司股东可以利用企业所有者的身份，要求企业履行社会责任，改善企业与员工的关系；此外，政府和其他组织也可以通过鼓励社会责任投资，促使企业履行社会责任。

1.1.2.2 企业社会责任

1924年，英国学者欧利文·谢尔顿（Oliver Sheldon）首次提出“企业社会责任”（Corporate Social Responsibility，CSR）这一概念，他认为企业社会责任应当与经营者满足消费者需求的责任相联系。学者们一般认为Bowen于1953年最早系统性地对企业社会责任进行了定义，他提出商人的社会责任是指商人有义务按照社会的目标和价值观来做决策。此后，Carroll于1979年对企业社会责任做出经典定义：“企业的社会责任是指在某一时点上企业对组织的期望，包括经济期望、法律期望、伦理期望和自由行动期望。”管理学家彼得·德鲁克（Peter Drucker）则认为，社会责任与企业盈利相互兼容。

1.1.2.3 负责任投资原则

负责任投资原则是一种投资理念和投资方式。它将环境、社会、治理（ESG）三个因素融入投资策略，可以在长期内给投资者带来更高的收益率，并且有助于金融市场的健康稳定。

2006 年，在联合国时任秘书长科菲·安南牵头下制定的负责任投资原则（PRI）发布，该原则的制定得到联合国环境规划署金融行动机构（UNEP FI）和联合国全球契约组织（UNGC）的支持。其目的是将负责任投资的理念纳入投资决策和实践中，以期降低投资风险、提高投资收益并创造长期价值，通过扫除实践、体制和监管中阻碍可持续金融体系建设的因素，构建一个既高效又可持续的全球金融体系。PRI 的六项原则包括：①将 ESG 问题纳入投资分析和决策过程；②成为积极的所有者，将 ESG 问题纳入所有权政策和实践；③寻求被投资实体合理披露 ESG 相关问题；④推动投资业广泛采纳并贯彻落实负责任投资原则；⑤齐心协力提高负责任投资原则的实施效果；⑥报告负责任投资原则的实施情况和进展。

1.1.2.4 影响力投资

根据全球影响力投资网络（Global Impact Investment Network，GIIN）的定义，影响力投资是一种旨在产生积极的、可衡量的社会和环境影响以及财务回报的投资。

投资者无论在发达市场还是新兴市场，都可以进行影响力投资，并取得在低于市场收益和市场利率范围内的财务回报。影响力投资的形式是多样的，可以以现金等价物、固定收益、风险资本和私募股权等进行投资。方兴未艾的影响力投资市场为可持续农业、可再生能源、环境保护、小额信贷和基本社会服务（包括住房、医疗和教育）等亟须发展的关键行业提供了资金。

2019 年 4 月 3 日，全球影响力投资网络（GIIN）发表《影响力投资核心特征》报告，进一步明确了应该如何进行影响力投资。以下是影响力投资包含的四个核心要素：①意向性：投资者应当具备通过投资产生积极的社会或环境影响的主观意图；②财务回报：投资者希望通过投资取得财务回报；③资产类别：影响力投资覆盖多种资产类别，包括但不限于固定收益债券、风险资本和私募股权；④影响度量：投资者承诺会对投资产生的社会和环境实效进行度量与报告，及时提供影响力投资实践信息，保证投资的透明度与可问责性。

1.1.2.5 绿色金融

绿色金融发源并兴起于发达国家，是指在绿色理念指导下开展金融活动。与之类似的概念包括“环境金融”“气候金融”“碳金融”等。在不同的社会发展阶段，经济发展与环境变化间的关联可展现出不同的特点，绿色金融的内涵因而随着时代的变化不断丰富和发展。

Cowan（1999）将绿色金融定义为在金融学和绿色经济的交叉领域内，重点研究绿色经济中资金融通问题的一门学科。Scholtens（2006）则探讨金融业与可持续发展之间的关系，并论证绿色金融的主旨是通过金融工具解决环境问题。2016年，中国人民银行等七部委在联合发布的《关于构建绿色金融体系的指导意见》中明确，绿色金融是指为支持改善环境、应对气候变化和资源节约高效利用的经济活动（环保、节能、清洁能源、绿色交通、绿色建筑等领域的项目投融资、项目运营、风险管理等）所提供的金融服务。国务院发展研究中心“绿化中国金融体系”课题组（2016）将绿色金融的学界定义分为狭义和广义两类，狭义定义旨在辨别哪种金融活动（或金融工具）是绿色的，广义定义旨在探寻对绿色金融系统整体而言，绿色意味着什么，以期建立一种有助于可持续发展的金融系统，实现经济转型、稳定、增长。

1.2 ESG 的内涵

企业是资源和能源的消耗者，企业活动与环境相互影响，息息相关。企业对长期利益的追求与保护环境的需求是一致的。ESG 中的环境维度包括公司所需的资源、使用的能源、排放的废物，以及由此产生的环境影响，特别包括温室气体排放和气候变化。在多元化的社会中运营的企业，必须遵守社会标准。ESG 中的社会维度既包含公司与雇员的内部关系，同时也包含公司与其他机构、当地社区的外部关系。ESG 中的治理维度是公司为了实现自我管理、有效决策、法律合规和满足外部利益相关者需求而建立的内部机制（Henisz et al.，2019）。

虽然各机构在 ESG 分类和具体指标设置上存在不同意见，但对 ESG 内涵的表述具有比较高的一致性，均关注企业在环境、社会和治理等非财务领域的绩效，尤其是投资过程中需要关注的与可持续发展密切相关的核心要素。基于对主流评价体系的归纳，ESG 三个维度的常见内容如表 1.1 所示。

表 1.1 ESG 的常见内容

	环境（E）	社会（S）	治理（G）
具体内容	• 环境污染 • 清洁制造 • 绿色建筑 • 可再生能源 • 温室气体排放 • 能源效率 • 水资源管理 • 土地资源管理 • 生态多样性	• 社区关系 • 供应链劳工标准 • 人力资本发展 • 员工福利与关系 • 工作环境 • 多元化与包容性 • 慈善活动 • 产品安全与质量 • 数据安全与隐私	• 贪污腐败 • 风险与危机管理 • 治理结构 • 贿赂与欺诈 • 股东权益保护 • 薪酬制度 • 税务 • 反竞争行为 • 商业道德

注：综合多个 ESG 主流评价体系整理，详细内容参见第 3 章。

环境、社会和治理（ESG）体系包括三大关键环节：ESG 披露、ESG 评价和 ESG 投资（见图 1.2）。企业根据评价体系包含的内容对相应信息进行披露，评级机构对企业披露的 ESG 信息进行评价，ESG 投资者再根据评价情况控制风险，减少投资的波动，提高长期收益。

图 1.2　ESG 体系的三大关键环节

1.2.1　ESG 披露

ESG 披露即 ESG 信息披露，包括强制披露和自愿披露。强制披露是指政府强制要求企业披露信息。提高企业 ESG 信息的透明度和准确性，需要国家强制力的保障。如今，有少数国家或地区已经开始将特定 ESG 因素的强制性披露要求引入本国或本地区的法律法规。例如，在我国，2014 年公布的《企业事业单位环境信息公开办法》规定，企业有义务如实向社会公开环境信息。2015 年中共中央、国务院印发的《生态文明体制改革总体方案》还要求资本市场“建立上市公司环保信息强制性披露机制”。墨西哥为应对气候变化，推动绿色经济转型，于 2012 年通过了《气候变化法》，强制性要求企业测量和报告温室气体排放情况。英国在 2013 年发布《温室气体排放（董事会报告）规则草案》，要求在伦敦证券交易所上市的公司必须报告其年度温室气体排放水平。

当然，在目前大部分国家或地区，ESG 信息披露仍然属于企业自愿规范，相关信息是否公开，应当公开哪些信息，应以何种方式公开，都主要取决于企业自身意愿。2011 年德国发布自愿性披露指南《可持续发展准则》（以下简称《准则》），并于 2020 年更新该《准则》，鼓励公司自愿进行信息披露，《准则》中包含的二十项可持续发展绩效指标，可以与《GRI 可持续发展报告标准》《联合国全球契约》《经合组织跨国企业准则》等国际报告标准相互兼容。2011 年，印度公司秘书工会发布《非财务披露指引说明》，指导公司在金融信息披露之外，自愿进行适当的非财务指标披露（Yu et al.，2018）。2014 年欧盟发布《非财务报告指令》，该指令虽然规定了大型企业需将 ESG 议题纳入对外披露的非财务信息范围，但并未指定公司在披露相关信息时应遵循的标准。

按照信息披露模式的不同，ESG 披露又可分为独立披露和整合披露。独立披露是指企业财务信息和 ESG 信息分开披露，并且两者之间缺乏联系。整合披露则是对企业财务、环境、社会责任、公司治理等信息的综合披露。目前大多数企业采用独立披露模式，在披露年度财务报告后再单独披露可持续发展报告。不过，将可持续发展相关信息与财务信息整合披露已然成为公司报告领域一个积极而重要的趋势：2010 年 8 月，全球报告倡议组织（GRI）和英国威尔士亲王发起的可持续性会计项目联合成立了国际整合报告委员会（IIRC），倡导企业将财务信息与 ESG 信息进行整合披露。2013 年底，IIRC 发布了正式的《整合报告披露框架》。目前，全世界已经有超过 100 家企业参与了 IIRC 的试点项目；全球报告倡议组织的《可持续发展报告指南》也提到整合披露对企业未来的价值创造具有重要意义（张巧良、孙蕊娟，2015）。

1.2.2 ESG 评价

根据国际主导的 ESG 评价机构 MSCI（2020）的定义，ESG 评价是指衡量公司对行业内长期、重大的环境、社会和治理（ESG）风险的应变能力。有研究表明，机构投资者将 ESG 评价纳入投资决策过程，能够有效提高投资组合的风险控制能力，减小投资组合波动，并提高长期收益。在实践中，评价是一个将 ESG 相关信息分类、量化、整合的过程，主要涉及指标构建和打分两个方面。

目前，许多国际机构提出了自己的 ESG 评价体系，其中代表性的体系包括 KLD、MSCI、道琼斯、汤森路透、富时罗素（FTSE Russell）、Refinitiv 等。这些评价体系在指标设计和评分方法上各具特色，本书第 3 章将对它们进行详细介绍（IFC，2020）。

如今，在适应经济发展新常态的背景下，中国的一些企业机构也在积极实践ESG评价。例如，2015年中国工商银行启动了“ESG绿色评级与绿色指数”项目及相关的研究工作，并推出了针对中国企业的评价结果（中国工商银行绿色金融课题组，2017）。

1.2.3 ESG投资

ESG投资是指在投资决策过程中考虑环境、社会和治理因素以及财务因素。ESG投资通常与可持续投资、影响投资、目标驱动型投资、社会责任投资等概念高度相关（MSCI，2020）。至2020年6月，已有超过3000家投资机构加入了联合国负责任投资原则组织，承诺将ESG纳入投资决策。近些年来国际上ESG指数的收益情况也较为乐观。根据汤森路透主要地区ESG指数近年来的表现，其年化收益率多数超过基准指数年化收益（陈宁、孙飞，2019）。2012年11月，挪威央行投资管理机构（Norges Bank Investment Management，NBIM）宣布更改投资组合，对有环境问题的公司进行了重点撤资。2017年，全球最大的养老基金——日本政府养老投资基金（Government Pension Investment Fund，GPIF）将ESG纳入投资原则，其首席投资官宣布GPIF的责任是使投资更具可持续性。自2016年起，中国证券投资基金业协会将ESG投资作为改善资本市场质量、提升基金行业长期价值的着力点，通过翻译ESG文章和报告、举办中外研讨会、分享ESG投资经验等措施推进ESG研究和实践。

1.3 ESG发展史

ESG的发展历程大致可划分为酝酿、萌芽、确立三个阶段。各阶段关键事件如图1.3所示。

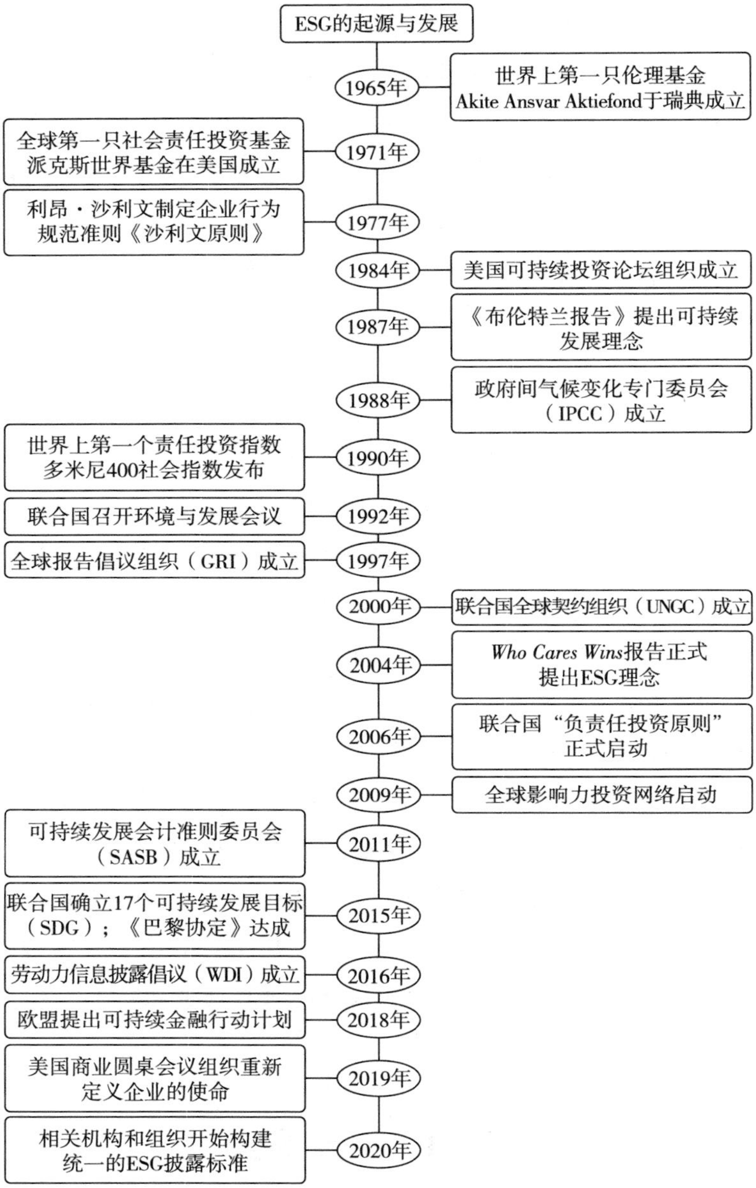
ESG的起源与发展
1965年
世界上第一只伦理基金
Akite Ansvar Aktiefond于瑞典成立
1971年
全球第一只社会责任投资基金
派克斯世界基金在美国成立
1977年
利昂·沙利文制定企业行为
规范准则《沙利文原则》
1984年
美国可持续投资论坛组织成立
1987年
《布伦特兰报告》提出可持续
发展理念
1988年
政府间气候变化专门委员会
（IPCC）成立
1990年
世界上第一个责任投资指数
多米尼400社会指数发布
1992年
联合国召开环境与发展会议
1997年
全球报告倡议组织（GRI）成立
2000年
联合国全球契约组织（UNGC）成立
2004年
*Who Cares Wins*报告正式
提出ESG理念
2006年
联合国“负责任投资原则”
正式启动
2009年
全球影响力投资网络启动
2011年
可持续发展会计准则委员会
（SASB）成立
2015年
联合国确立17个可持续发展目标
（SDG）；《巴黎协定》达成
2016年
劳动力信息披露倡议（WDI）成立
2018年
欧盟提出可持续金融行动计划
2019年
美国商业圆桌会议组织重新
定义企业的使命
2020年
相关机构和组织开始构建
统一的ESG披露标准

图 1.3　ESG 发展中的关键事件

1.3.1 ESG的酝酿期（1965～1990年）

ESG理念的真正起源始于社会责任投资。社会责任投资具有“基于价值的投资”“绿色投资”等一系列别名。社会责任投资这一概念最早可以追溯到两千多年前，早期人们以宗教和道德标准规范投资行为。传统社会责任投资的核心概念与此相似，遵循“不伤害”原则，即规避有违个人、团体道德或价值观的投资。另外有学者提出社会责任投资这一概念不仅植根于信仰投资，也深受具有变革意义的20世纪六七十年代的历史事件和社会问题的影响，比如美国的民权运动、反战运动、种族平等和环境运动等。这些社会问题越来越多地受到当时投资者的关注，甚至成为投资者决策的考虑因素。信仰投资与关注社会发展的进步价值观的融合，共同创造了社会责任投资（Townsend，2020）。

1965年，受瑞典禁酒运动影响，世界上第一只基于社会责任投资理念的基金Akite Ansvar Aktiefond于瑞典斯德哥尔摩成立。该基金的核心策略是将酒精和烟草类的企业从资产组合中剔除掉，这与社会责任投资的核心概念相吻合，即通过负面筛选，排除与个体或团体价值观有冲突的投资对象。这家基金时至今日仍在运行（参见http：//www.aktieansvar.se/）。

20世纪60年代末，越南战争和由此发起的反战运动很大程度上推动了社会责任投资理念的发展和实践。利润导向型的传统投资者意识到，加注军火相关股票可以带来丰厚利润。而一些反战的投资者则开始出售或拒购军火相关公司的股票，从而通过投资行为表达自己的社会诉求和价值取向。这些反战投资者的行动一定程度上推动了社会责任投资理念的实践（卢轲、张日纳，2020）。值得一提的是，在这一时期，非财务信息（即以非财务资料形式出现，同时又与企业的生产经营活动有着直接或间接联系的各种信息资料）披露在欧洲和北美相继出现。非财务信息的披露一定程度上是在更大范围内对企业的生产经营活动的监督，对传统资本市场中“企业仅仅需要对股东负责”的固有观点提出了挑战（Eccles et al.，2019）。

在这一时期，人类活动带来的环境污染开始受到大众的关注。1962年，蕾切尔·卡森（Rachel Carlson）出版《寂静的春天》（*Silent Spring*）一书，用较文学化的方式阐述了滥用杀虫剂导致野生动物大量死亡的事实。该书唤起了大众读者对于环境问题的广泛关注，促使美国政府禁用敌敌畏杀虫剂，并促成了美国国家环境保护署（Environmental Protection Agency，EPA）的设立。1969 年，美国加州圣塔芭芭拉市附近海域的一处钻井平台发生漏油事件。该事件是当时规模最大的漏油事件，受到广泛的媒体报道并引发了第一个地球日（Earth Day）活动。

1970～1990 年是社会责任投资稳健发展的时期，也是 ESG 的酝酿期。这个时期见证了一系列重要环保法案的制定，社会责任投资基金的创立，以及可持续发展理念的提出。

20 世纪 70 年代初，一些共同基金（Mutual Fund）开始将公民权利、环境保护等问题纳入投资决策。不过，这个时期对社会责任投资的批评依然存在。芝加哥大学著名经济学家米尔顿·弗里德曼（Milton Friedman）对企业社会责任持强烈反对态度。1970 年他在《纽约时报》发表了一篇题为《企业的社会责任就是增加利润》的文章，这成为那个时代关于社会责任投资最著名的一句话。弗里德曼这一观点与诺贝尔奖得主经济学家哈里·马科维茨（Harry Markowitz）的资产选择理论（通过优化投资组合使投资收益最大化）观点不谋而合，更加坚定了投资者利益至上的投资理念。可见，此时社会责任投资远未成为主流投资理念（Drucker，2009）。

1970 年 4 月 22 日，第一个地球日活动在美国举行，并逐步扩展至世界各地，成为一项世界性的环境保护运动。同年 12 月，美国国家环境保护署（EPA）成立，并颁布了《清洁空气法案》。此后，一系列有关生态环境保护的法案相继颁布，包括《清洁水法案》和《濒危物种法案》。

随着一系列关乎环境和社会议题的政策法规出台，以及民众对于相关议题关注上升，社会责任投资的实践也取得了标志性进展（Townsend，2020）。1971 年，派克斯世界基金（Pax World Funds）在美国成立。该基金被广泛认为是世界第一家社会责任投资基金，直到今天仍在运行。基金由两位牧师路德·泰森（Luther Tyson）和杰克·科比特（Jack Corbett）共同成立，其投资原则包括：不得向资助越战的公司投资，且只投资符合伦理价值规范的企业，由此敦促企业自觉遵守社会和环境责任标准（Morningstar，2020）。

同年，智库组织罗马俱乐部（Club of Rome）发布《增长的极限》报告。该报告通过仿真模型，研究人口增长和地球资源、自然环境间的互动关系。该报告的结论颇具争议，在全球引发了广泛热烈的讨论，促使民众思考人类和自然环境间的关系。

1972年，美国学者米尔顿·莫斯科维茨（Milton Moskowitz）创办《商业与社会》杂志。他认为企业应善待员工，保持信息公开，做一个优秀的企业公民，不注重维护社会形象的企业将难以实现长远发展。同时，他提倡投资者应关注企业在员工生活和社会活动中所扮演的角色。莫斯科维茨身体力行，在《商业与社会》杂志上发布了一份“负责任”股票的清单，为投资者的投资决策提供参考。莫斯科维茨的这一投资理念，为企业社会责任奠定了基础（Drucker，2009）。德国经济学家克劳斯·施瓦布（Klaus Schwab）出于对欧洲商界的关注创立了世界经济论坛（World Economic Forum，WEF），当时被称为欧洲管理论坛。论坛的初衷是向欧洲公司介绍美国的商业管理实践，促进欧美企业之间的交流与合作。1973年，论坛的年会开始将焦点从企业管理转移到经济和社会问题上（Atkins et al.，2020）。

1977年，美国牧师和民权运动领袖利昂·沙利文（Leon Sullivan）为企业制定了一套行为规范准则。这套准则被称为《沙利文原则》（Sullivan Principles），其主旨在于促进企业公平对待员工。《沙利文原则》推出后受到广泛欢迎，此后还引发了抵制南非种族隔离制度的大规模撤资运动。1999年，联合国与利昂·沙利文共同发布了更新后的《全球沙利文原则》，并将其作为联合国全球契约的一部分（Morningstar，2020）。

1984年，美国可持续和负责任投资论坛（The Forum for Sustainable

and Responsible Investment，US SIF）成立，大大推动了可持续投资理念的发展（Morningstar，2020）。

1987 年，联合国世界环境与发展委员会发布《布伦特兰报告》，首次提出了“可持续发展”理念，即人类发展须“既能满足我们现今的需求，又不损及后代子孙满足他们需求的能力”。“可持续发展”理念自提出以来，迅速成为人类发展的重要指导原则，贯穿于之后联合国发布的《地球宪章》《千年宣言》等纲领性指导文件中。同年，控制消耗臭氧层物质全球排放总量的《蒙特利尔议定书》通过，这是全球国家间第一个具有法律效力的环保条约。

1988 年，为了回应人们对燃烧化石燃料和全球气温上升问题的日益关切，世界气象组织（WMO）和联合国环境规划署（UNEP）联合成立了政府间气候变化专门委员会（IPCC）（Morningstar，2020）。该委员会将在未来的全球气候政策制定过程中起重要作用。

1989 年，埃克森·瓦尔迪兹号（Exxon Valdez）油轮原油泄漏事件发生。对埃克森石油公司表现不满的环保人士和社会责任投资者，共同组成了环境责任经济联盟（Coalition for Environmentally Responsible Economics，CERES）。该联盟汇集了投资者、商业领袖和公共利益团体，力图加强企业与环保组织的合作，致力于推广同时关注企业财务绩效与社会责任绩效的投资理念（Morningstar，2020）。

在这个时期，社会责任投资主要采取排除法，即在投资组合中排除与社会、治理、环境方面通用价值规范相冲突的企业。这些企业通常属于酒业、烟草、武器、赌博、色情和军火等行业。这在一定程度上预示着社会责任投资日后将与 ESG 相结合。

1.3.2 ESG 的萌芽期（1990～2004 年）

20 世纪 90 年代，全球环境问题日益突出，引发各国对可持续发展的关注，社会、经济、人口、资源、环境的协调发展成为当时国际社会的核心议题。

1990年，世界上第一个责任投资指数——多米尼400社会指数（Domini 400 Social Index）发布。多米尼400社会指数以社会性与环境性议题为筛选准则，由标准普尔500成分股中400家社会责任评价良好的公司组成（卢轲、张日纳，2020）。多米尼400社会指数现已更名为MSCI KLD 400社会指数，是首个追踪可持续投资的资本化加权指数，被用来衡量“同类中最好的”企业。该指数不仅为社会责任型投资者提供了一个企业比较基准，其优秀的表现还证明了社会责任投资与投资收益两者并不矛盾（卢轲、张日纳，2020），对社会责任投资的发展给予了有力支持（Morningstar，2020）。

1992年，联合国在巴西里约热内卢召开环境与发展会议，这是一场讨论经济发展与环境保护交叉问题的全球峰会（Morningstar，2020）。会议提出人类“可持续发展”的新战略和新观念，讨论并通过《里约环境与发展宣言》（又称《地球宪章》，规定国际环境与发展的27项基本原则）、《21世纪议程》和《关于森林问题的原则声明》，签署了联合国《气候变化框架公约》和《生物多样性公约》。会议倡导人类应该变革现有的生活和消费模式，人与自然应当和谐统一，人类之间应当和平共处（秋辛，1992）。

1994年，全球可持续投资基金数量达到26只，资产约为19亿美元（Morningstar，2020）。1997年，环境责任经济联盟（CERES）与联合国环境规划署（UNEP）共同成立了全球报告倡议组织（Global Reporting Initiative，GRI）。该组织致力于推动企业自愿进行信息披露，走可持续发展之路。同年，《联合国气候变化框架公约》第三次缔约方大会（COP3）制定了《京都议定书》。《京都议定书》的目标是“将大气中的温室气体含量稳定在一个适当的水平，以保证生态系统的平滑适应、食物的安全生产和经济的可持续发展”。中国于1998年5月29日签署《京都议定书》，成为第37个签约国（Morningstar，2020）。

1999年，时任联合国秘书长科菲·安南在达沃斯世界经济论坛年会中，首次提出了“全球契约”（Global Compact）的构想。该倡议是一项针对人权、劳工、环境和反腐败问题的联合倡议，所包含的十项原则源于联合国的核心公约和宣言。它呼吁企业将上述十项原则纳入企业战略和业务流程，建立诚信的企业文化，承担应尽的社会责任。次年，联合国全球契约组织正式成立。该组织为企业衡量气候变化、人权和腐败等问题的影响提供指导。目前，该组织已有来自超过 160 个国家的 1 万多家企业会员，并发布了 4 万多份关于企业实现全球契约十项原则的进展报告。

2000 年，碳排放信息披露项目（Carbon Disclosure Project，CDP）正式成立。这是一家国际非营利机构，主要任务是协助企业和城市披露环境影响信息。CDP 的数据库提供了全球大型企业温室气体排放管理活动的相关数据，包括企业的减排目标设定、减排激励机制和减排技术运用。数据库涵盖的企业都是各国最具代表性的企业（Atkins et al.，2020）。

1.3.3 ESG 的确立与快速发展（2004 年至今）

2004 年至今是 ESG 理念的确立与快速发展期。这一时期见证了 ESG 理念从正式亮相，到成为国际广泛认可的主流投资理念。在此期间，ESG 生态系统不断完善，ESG 相关工具日益丰富，ESG 的内涵不断深化扩充。

2004 年，联合国正式发布由时任联合国秘书长科菲·安南主导，多家金融机构联合撰写而成的报告 *Who Cares Wins*。报告首次提出了 ESG（环境、社会、治理）概念，探讨如何更好地将环境、社会及治理等相关问题纳入资产管理、证券经纪服务和相关研究。面对全球化趋势下日渐加剧的市场竞争，报告指出企业必须学习如何正确管理环境、社会和治理问题，这将更有利于提升企业价值和股东权益，同时还能够为社会的可持续发展做出贡献。报告同时也向企业以外的金融分析师、金融机构等其他行为主体提出切实可行的建议，要求他们在决策时将环境、社会和治理因素考虑在内，并将这些因素进行有效整合，制定长期且坚定的目标。由于致力于企业的长期发展，这份报告得到了世界各地公司的广泛认可。

2006 年，《联合国负责任投资原则》（PRI）正式发布。PRI 旨在鼓励将 ESG 因素纳入决策和实践的负责任投资，以创建一个兼具经济效率和可持续性的金融体系。当时，根据 PRI 将企业社会责任标准纳入公司财务评估的要求，由资产所有者、资产管理公司和服务提供商组成的 63 家投资公司签署了一份 6.5 万亿美元的资产管理协议（AUM），承诺将企业社会责任问题纳入资产管理决策。截至 2019 年 6 月底，签署 PRI 的机构已有 2450 家，这些机构签订的资产管理协议资金规模已超过 80 万亿美元。主要机构投资者明确表示，他们希望自己持有的公司能够严格遵守企业社会责任标准（Drucker，2009）。此外，根据一项涵盖私人和公共养老基金、捐赠基金、基金会以及官方机构等 475 家机构的全球调查，68% 的受调查机构认为实施企业社会责任标准有助于提高投资回报，77% 的机构表示，对 ESG 战略进行投资是因为它对上市公司的财务业绩有影响（Atkins et al.，2020）。由此可见，企业社会责任确实正受到越来越广泛的重视。

2009 年，全球影响力投资网络（GIIN）成立。该组织诞生于美国洛克菲勒基金会会议上，此次会议正式提出了“影响力投资”（Impact Investing）这一概念。GIIN 的宗旨是促进影响力投资者的沟通交流，创新投资模式，促使更多资金用于解决全球共同面临的难题，推动影响力投资的发展。

随着企业社会责任逐渐成为主流标准，投资者在做出决策时，更加倾向于投资具备高度社会责任感的企业，企业因此对这一问题更加重视，各种解决企业社会责任问题的框架也由此产生。比如，GRI、CDP、SASB、TCFD 和 WDI，这些框架现如今都得到了充分的运用与发展。

2011 年，可持续发展会计准则委员会（SASB）开始制定企业的可持续性发展和企业财务信息的相关准则。SASB 准则旨在建立行业特定的标准，使不同行业的企业可以采用其所在行业的统一标准对 ESG 问题进行报告，从而提升企业报告的质量。SASB 致力于为每个行业提供更加具体的财务信息。

2016 年，英国非营利机构“共享行动”（Share Action）发起“劳动力披露倡议”（Workforce Disclosure Initiative，WDI）。这项倡议旨在收集

企业管理员工的相关数据，为投资者提供有意义的信息，其最终目标是改善企业员工的工作条件。截至 2019 年，已经有 137 个投资者签署 WDI，有 118 家公司使用该框架（Morningstar，2020）。

为了满足 ESG 投资者群体日益增长的需求，许多机构纷纷创建了自己的 ESG 评价业务以评估企业的 ESG 表现。目前市场上的 ESG 评价机构多达上百家，其中在全球范围具有广泛影响力的有 10 家左右，包括 MS-CI、晨星（Morningstar）、道琼斯、富时罗素等。ESG 评级机构和评价体系的蓬勃发展，有助于投资者采用更多样的方式、更灵活的渠道评估公司信息披露、公司治理和环境风险。例如，金融评级的市场领先者晨星公司表示：“为环境、社会和治理方面的表现评分是我们工作的自然延伸。我们希望通过 ESG 方面的研究、数据和工具提升投资行业的透明度，强化问责制，同时帮助投资者以对他们有意义的方式投入资金”（Drucker，2009）。

近年来，ESG 投资的发展速度进一步加快。有报告显示，2014 ~ 2016 年，在 ESG 参数上表现良好的公司也实现了良好的财务业绩。随着公众对气候危机和其他环境问题的关注度提升，企业是否有效践行社会责任对投资决策的影响程度愈加显著。根据全球可持续投资联盟（Global Sustainable Investment Alliance，GSIA）的数据，2014 ~ 2016 年，企业社会责任承诺增加了 41%，同时，就业市场对企业社会责任分析师的需求激增（Purwar，2019）。

2015 年，《巴黎协定》在联合国气候变化大会（COP21）上通过，并于 2016 年 11 月 4 日正式生效。《巴黎协定》的正式生效，象征着世界各国领导人在应对气候变化和适应其影响方面已基本达成共识。

2016 年，全美最大的公共养老基金 CalPERS 通过了一项五年计划，宣布将 ESG 原则纳入其投资流程。

2018 年，美国大型投资管理公司贝莱德（BlackRock）首席执行官拉里·芬克（Larry Fink）呼吁企业通过厘清自身在社会中的角色，定位能为企业带来长期盈利的业务，同时尽可能减少对环境和社会的负面影响。

他提出这样做不仅有助于企业维护重要客户资源和品牌形象，还能够使企业更好地适应从传统经济向低碳经济、数字经济转化的过渡阶段。

2019 年 8 月，极富影响力的美国商业圆桌会议组织（Business Roundtable）发布公司使命宣言。宣言承诺：股东利益不再是企业最重要的目标，企业的使命是创造一个更美好的社会，并增进所有利益相关者（顾客、员工、供应商、社区和股东）的福祉。包括苹果、亚马逊、摩根大通在内的 181 家美国顶级公司的首席执行官都签署了这一份宣言。

2019 年全年流入美国可持续发展基金的资金高达 200 亿美元，该数字是 2018 年的四倍多。美国近 500 家基金在其投资说明书中添加了 ESG 标准，正式向投资者传达了可能使用 ESG 来指导其投资决策的信息。

2020 年，在新冠肺炎疫情引发的市场抛售局势下，全球可持续基金在第一季度仍然实现了 456 亿美元的净流入，而整个基金领域的资金流出为 3847 亿美元（Morningstar，2020）。

2020 年 9 月，GRI、SASB、CDP、CDSB 和 IIRC 五个主导机构联合发布了构建统一 ESG 披露标准的计划。几乎同时，世界经济论坛和四大会计师事务所也推出了统一标准。

1.4 ESG 生态系统

一个完备的 ESG 生态系统应包括政府（含立法机关、监管机构），市场主体（含评价机构、投资者、交易所），以及非政府组织、智库和民众等。推进 ESG 发展，需要生态系统内各组成部分协力合作。

1.4.1 政府

政府（含立法机关、监管机构）的主要任务是制定法规政策和监督法规政策的实施。政府对 ESG 问题的态度在很大程度上决定了 ESG 的发展方向，而企业对 ESG 的态度无疑会受到政府的影响。此外，同一政府对于环境、社会、治理三方面的具体问题也可能采取不同态度。从宏观层面来看，当前越来越多的政府已经或正在将 ESG 问题纳入立法和监管范围。从全球范围内来看，各国政府采用的政策法规可分为两类，即企业可自愿参与的、带有激励性质的软性政策法规和具有强制性的硬性政策法规。由于政府的更替，一些国家（如加拿大和澳大利亚）在 ESG 相关问题上的立场可能会出现摇摆。但是纵览过往 20 年左右的历史，这些立场的摇摆都是暂时的，ESG 成为政府关注并着力推动的热点，这一趋势不会改变。

（1）美国：对于部分 ESG 议题，如特定污染物排放、生产安全和歧视，美国联邦和州两个层面都有诸多法规强制企业披露信息，但尚未有针对全面 ESG 信息披露的专门立法。美国证券交易委员会（SEC）负有监管企业信息披露的责任，但其一直拒绝制定专门的 ESG 信息披露法规。SEC 更倾向于在现有法规框架下，通过法规修订将少量零散的 ESG 披露要求纳入监管。鉴于披露法规的缺失，美国企业的 ESG 信息披露主要来自企业的自主行为和关联企业的要求。例如，BlackRock 要求所有接受其投资的企业自 2020 年起，须按照 TCFD 标准披露其气候变化相关信息。气候变化是美国国内最具争议性的 ESG 议题。美国曾于 1998 年 11 月签订《京都议定书》，但在 2004 年 3 月以“减少温室气体排放将会影响美国经济发展”为由宣布拒绝执行。美国于 2016 年批准了《巴黎协定》，但于 2020 年 11 月退出，又于 2021 年重新加入。在联邦层面，美国目前最主要的温室气体排放政策是环境保护署推出的“温室气体报告项目”（Greenhouse Gas Reporting Program，GHGRP）。温室气体报告项目是一项针对每年二氧化碳排放量大于 25000 吨的工厂和设施的强制性报告计划，旨在更准确地掌握全国温室气体的排放情况，环保署收到报告数据后会通过官网向公众公开相关信息。由于政治原因，美国尚未出台过限制温室气体排放的联邦政策或法规，但在州层面，部分州制定了比联邦更加积极的政策。例如，美国东北部的 10 个州于 2009 年启动了针对电力行业的地区性温室气体排放交易系统。加利福尼亚州于2012年也启动了类似的排放交易系统（Olmstead and Stavins，2012）。

（2）欧盟：在ESG政策方面，欧盟是全球范围内的先行者和领导者。2014年，欧盟发布了《非财务信息报告指令》（Non - financial Reporting Directive），强制要求规模超过500名员工的企业从2018年起在年报中披露ESG相关信息。对于披露的标准，欧盟未做具体要求，企业可选择适宜的标准披露信息。2019年，欧盟出台了针对金融业的《可持续金融披露规范》（Sustainable Finance Disclosure Regulation，SFDR）。SFDR强制要求欧盟金融市场参与者披露ESG信息，本身位于欧盟外但是在欧盟市场内发行金融产品的机构亦受其约束。SFDR要求金融市场参与者在企业和产品（ESG相关的金融产品）两个层面披露ESG信息，包括可持续发展的风险如何纳入决策，以及投资对于可持续发展议题的主要负面影响。SFDR已于2021年3月生效，其影响还有待观察。欧盟与美国在ESG相关议题上的最大分歧是气候变化问题。2002年欧盟通过了《京都议定书》，并于2005年启动了欧盟温室气体排放交易体系（EU ETS）。除欧盟整体的政策规定之外，部分成员国也开始采取额外措施，将EU ETS未涵盖的排放设施和工厂纳入监管；也有国家推出了发展可再生能源和提高能源利用率的项目（Böhringer et al.，2009）。有研究显示在某些特定行业（比如零售业），欧盟公司在应对气候变化时明显采取了比其他国家的公司更加积极的措施（Sullivan and Gouldson，2016）。反观美国，气候变化一直是富有争议的问题，从其退出又重新加入《巴黎协定》中即可见一斑。

（3）日本：日本没有强制ESG信息披露的法规。在具体的ESG议题上，日本通常不如欧盟积极。例如，日本参加了《京都议定书》所规定的第一承诺期（2008～2012年），但在2012年后，日本政府表示基于公平性和效率性的原因，拒绝继续履行《京都议定书》规定的减排目标，至此日本实质上已经退出了该国际条约。当前，日本最主要的气候政策是“自愿减排交易体系”（Japan’s Voluntary Emissions Trading Scheme，JVETS）

和“日本环境自主行动计划”。这些项目完全依赖企业自愿参与，无法对企业施加足够的约束力，同时也存在缺乏一致性、透明度低等问题（Mochizuki，2011）。

（4）中国：顺应环境、社会和治理问题受到全球关注的趋势，中国也致力于完善与本国资本市场相匹配的 ESG 相关政策。中国证券投资基金业协会副会长胡家夫在第三届中国责任投资论坛上提到“对中国这样一个正处于现代经济体系建设过程中的市场而言，中小投资者权益保护、从企业到投资机构的短视主义、财务报表粉饰及造假等问题与环境、社会问题一道，成为制约中国经济发展质量的关键因素”（胡家夫，2019），揭示了解决 ESG 问题对推动我国经济发展的重要意义。2017 年，中国证监会与环保部联合签署了《关于共同开展上市公司环境信息披露工作的合作协议》，该合作协议旨在推动建立和完善上市公司强制性环境信息披露制度，督促上市公司履行环境保护社会责任。2018 年，中国证监会修订《上市公司治理准则》，要求上市公司自觉履行社会责任，明确利益相关者、环境保护和社会责任要求，确立了 ESG 基本框架。同年，中国证券投资基金业协会发布《中国上市公司 ESG 评价体系研究报告》和《绿色投资指引（试行）》，标志着上市公司 ESG 评价的理论基础和指标框架初步形成。

（5）澳大利亚和加拿大：这两个发达国家的政府对 ESG 问题的态度和政策在历史上曾出现过大幅摇摆，这种摇摆严重影响了企业在 ESG 相关问题上的表现。以 ESG 问题中的气候变化为例，澳大利亚和加拿大在全球人均温室气体排放量排名中均居于前列，但两国企业所设定的减排目标总体却落后于其他国家，包括某些发展中国家（Wang and Sueyoshi，2018）。造成这一现象的主要原因，首先在于两国政府在气候政策问题上均表现得犹豫不决，缺乏一致性（Blair，2017；Tranter，2011）。澳大利亚和加拿大都参与了《京都议定书》的第一个承诺期，但是澳大利亚一开始曾拒绝签署《京都议定书》，直到 2007 年新任总理陆克文上台后才通过该条约；加拿大则于 2011 年中途宣布将从负有减排义务的签署国行列中退出，最终于2012年正式退出该条约。国家层面的减排承诺未能贯行，自然导致企业减排意识薄弱。其次，两国的经济增长模式均为资源依赖型经济，以金属业和采矿业为主的原材料行业在两国国民经济中占有相当重要的份额，如果对排放进行严格限制，可能会影响经济发展，这也是两国原材料行业对减排目标的接受程度普遍较低，且远低于其他国家甚至发展中国家的原因。综上所述，虽然两国企业意识到气候变化的威胁，但由于政策和经济原因，它们并未积极采取举措以应对气候变化（Ford et al.，2010）。

（6）马来西亚：马来西亚政府积极构建ESG生态体系、推动ESG理念的实践与发展。马来西亚证券委员会（Securities Commission Malaysia）于2014年提出5i战略，即从金融工具（instruments）、投资者（investors）、发行人（issuers）、内部文化及治理（internal culture and governance）、信息平台（information architecture）五个角度搭建可持续的投资生态系统。[①] 另外，作为伊斯兰金融中心之一，马来西亚尝试将ESG投资理念与伊斯兰金融（Islamic Finance）相结合[②]，基于此提出了独具本国特色的SRI伊斯兰债券框架并开发出多元的SRI和伊斯兰金融产品。同时，马来西亚近年来陆续出台并逐步完善ESG相关的政策法规，以推动国内经济的可持续发展。2009年，马来西亚能源、绿色技术和水利部制定了《国家绿色科技政策》（National Green Technology Policy），大力支持发展绿色科技。2014年，马来西亚证券委员会和小股东权益监管机构制定了《马来西亚机构投资者准则》（Malaysian Code for Institutional Investors）。2015年，马来西亚相关政府部门制定了《国家能源效率行动计划》（National Energy Efficiency Action Plan），坚持将可持续发展作为计划原则。2017年，马来西亚证券委员会制定了《SRI基金指引》（Guidelines on Sustainable and Responsible Funds），明确了社会责任投资

① 金融监督管理委员会证券期货局．马来西亚证券委员会第12届伊斯兰市场计划［R］．2016.

② Malaysia T S C. Sustainable and Responsible Investment Sukuk Framework［R］. 2019.

的具体范围。

（7）新加坡：新加坡在制定 ESG 政策的过程中，并非以“一刀切”的方式同时着手 ESG 三方面的问题，而是采取循序渐进、有所侧重的策略。[①] 早期，新加坡侧重于关注环境保护问题。早在 1971 年，新加坡就制定了《清洁空气法案》。1972 年，设立了环境部，仅晚于日本。在 1992 年召开的联合国环境与发展会议（United Nations Conference on Environment and Development，UNCED）上，“新加坡绿色计划”作为新加坡国家计划，被写入会议达成的“21 号决议”——全球行动计划中（毛大庆，2006）。后期，随着亚洲金融危机暴发，新加坡的经济一时受到冲击，政府开始高度重视公司治理问题。1998 年，成立了新加坡董事学会（Singapore Institute of Directors，SID），目的在于提升企业管理层的治理水平和职业道德水平。2001 年，新加坡金融管理局发布了《公司治理守则》，并先后进行了三次修订。2002 年的首次修订增加了“公司治理披露安排”，强制要求所有上市公司对企业管制信息进行定期披露。2011 年的第二次修订增加了董事会在公司战略中整合 ESG 因素的要求。2018 年进行了第三次修订，提高了对上市公司董事独立性、董事会多样性、利益相关方参与等方面的要求。

1.4.2 企业

企业是人类经济活动的基本单元，也是践行 ESG 的主体。企业的态度和行为对于 ESG 的发展乃至整个人类社会的可持续发展起决定性作用。

在某些特定 ESG 和可持续发展议题上，国家和政府的作用有很大的局限性，企业可以有效弥补国家和政府作用的缺失。一个突出的例子就是气候变化。鉴于气候变化影响范围之广，人类社会需要共同努力应对挑战。传统上国际社会主要关注应对气候变化的国家行为，尤其是通过国际

① 社会价值投资联盟．全球 ESG 政策法规研究——新加坡篇［EB/OL］．社会价值投资联盟，https：//www. casvi. org/h - nd - 1014. html#skeyword = 新加坡 &_np = 0_35，2020 - 11 - 19.

协定的方式约束各国的温室气体排放，为气候变化设计全球解决方案。然而在现实中，由于不同国家发展水平不一致、自然禀赋差异大、利益诉求有冲突，协调各国并达成有约束力的国际协定存在着极其巨大的困难，多次被寄予厚望的国际气候峰会都无果而终。此外，单一的国际社会层面的措施或国家的政府决策也难以激发民众和企业的积极性和创造力。越来越多的学者意识到国家行为的局限性，转而把目光投向其他组织群体。鉴于减少全球温室气体排放需要人类社会的集体行动，诺贝尔经济学奖获得者埃莉诺·奥斯特罗姆（Elinor Ostrom，2009）提出，处理气候变化问题需要采用多中心策略（Polycentric Approach）。多中心策略的核心原则是，除国家行为之外，应对气候变化还需要人类社会的各个组成部分采取行动。相比国家层面的单一策略，多中心策略的主要优势在于，该策略可以在多个层面上鼓励特定的组织或群体采用特定的适宜该组织或群体的应对气候变化的策略，充分发挥政策的灵活性。在多中心策略中，企业应对气候变化的方法方式起至关重要的作用。国际商会（International Chamber of Commerce）秘书长约翰·丹尼洛维奇（John Danilovich）在巴黎联合国气候变化会议上指出："有一件事是很明确的，那就是政府不可能独立解决这个问题。毫无疑问，企业行动和参与将会是气候变化问题解决措施的核心和决定性因素。"

政策法律和市场环境的变化也在促使企业更积极地拥抱ESG理念。例如，在气候变化问题上，已经有一些国家要求企业披露气候变化相关信息，满足温室气体排放配额。美国证券交易委员会（SEC）于2010年发布了《关于气候变化相关披露的委员会指南》（SEC FR－82），该《指南》要求企业在年度报告中披露气候变化的相关问题，尤其是气候变化给企业运营带来的风险。美国环境保护署推出了"温室气体报告项目"（Greenhouse Gas Reporting Program），要求碳排放量大于每年25000吨的工厂报告其排放量。欧盟的28个成员国按照《京都议定书》的规定，于2005年1月启动了欧盟温室气体排放交易系统。作为一种市场化方法，排放交易的原则是为其所涵盖的设施和企业制定整体排放量，并通过市场交易确定排放的价格。决定企业拥抱 ESG 理念的另一个重要驱动因素就是市场。市场影响企业的渠道主要有两个：一是消费者对企业的影响，二是企业的投资人对企业的影响。环保和社会意识强的消费者越来越不愿意购买 ESG 表现差的企业的产品和服务；将 ESG 因素纳入决策的投资者对将资金注入 ESG 表现差的企业也充满疑虑。例如，美国煤炭企业 Peabody Energy 是世界上最大的私营煤炭企业，其主要客户为大型的燃煤企业如火力发电厂等。越来越多的投资者开始回避 Peabody Energy 这样 ESG 表现差的公司（主要因其业务对气候变化有负面影响）。投资者的反对态度部分导致了 2016 年 Peabody Energy 的破产。可见，ESG 议题可通过市场对企业施加巨大的影响。

不同企业面临的 ESG 问题不尽相同，所采取的措施也可能有较大区别。本书第 5 章将通过案例分析的形式，阐述一批代表性企业面临的 ESG 问题和采取的 ESG 举措。

1.4.3 标准制定机构

标准制定机构在 ESG 的发展过程中起着至关重要的作用。由于目前 ESG 相关信息的披露主要是企业自主行为，不同企业披露信息的类别和格式往往有较大差异性，这为公正、客观、准确地评价 ESG 表现带来了困难。标准制定机构通过制定和推广 ESG 披露标准，促使企业采用规范化和系统性的方式披露 ESG 信息，从而有力推动 ESG 发展。标准制定机构通常是由国际机构、金融机构和学术界发起成立的非营利性组织。当前，具有较大影响力的 ESG 标准制定机构包括 GRI、SASB、ISO、CDP、TCFD 等。

1997 年，全球报告倡议组织 GRI 成立。GRI 是一家独立的国际组织，由美国非政府组织环境责任经济联盟（CERES）和联合国环境规划署（UNEP）联合发起成立。GRI 的成立宗旨是帮助商业、政府及其他机构认识其业务活动对可持续议题的影响，提高可持续发展报告的质量、严谨度和实用性。GRI 总部位于荷兰阿姆斯特丹，同时在全球其他国家和地区共设立七个区域中心（分别位于南非、新加坡、巴西、中国香港、哥伦比亚、美国和印度），通过这些分布各地的区域中心，GRI 得以根据不同国家和地区有针对性地开展工作。GRI 报告编制的业绩指标包括经济业绩指标、环境业绩指标和社会业绩指标，目前已被 90 多个国家的上万家机构应用。

2000 年，碳排放披露项目成立。CDP 是一家独立的非营利组织，它搭建了一个全球环境信息披露平台，不仅收集涵盖企业层面和城市层面的环境数据，而且拥有全球最大的企业温室气体排放和气候变化战略等在线免费数据库，每年协助数千个公司、城市和地区衡量与管理它们在气候变化、水安全和森林采伐方面的风险和机遇。

2011 年，可持续发展会计准则委员会成立，总部位于美国。SASB 是一家独立的非营利组织，通过制定一系列 ESG 披露指标，促进高质量、实质性的可持续信息的发布，以满足包括政府、投资者以及企业在内的社会各界的信息需求。SASB 制定的 SASB 准则，注重从投资者的角度出发，根据不同行业面临的机会与风险，分别制定可能对该行业财务产生重大影响的指标和衡量标准，从而提高企业信息的实用性和可比性。SASB 准则适应性较强，全球的企业与投资者均可以使用，目前该准则已被越来越多的金融机构与企业采纳。对于不同标准制定机构的披露准则，读者可进一步参考第 3 章。

1.4.4　评价机构

ESG 评价机构的主要工作内容包括构建评价体系、设计评价指标、收集相关数据、指标打分和评价结果发布等，其主要目标是为投资者提供 ESG 评价结果和基于评价结果的投资建议。在 ESG 理念发展的早期，进行 ESG 评价的通常为中小型的咨询公司和金融信息服务公司。部分早期评价机构的产品，如 KLD 和 ASSET4 等，曾于历史上有重要影响力。随着 ESG 理念的成熟和发展，大型企业（主要为金融机构）开始通过并购或自建的方式进入 ESG 评价行业。例如 MSCI 通过并购获得 KLD，汤森路透通过并购获得 ASSET4。目前，全球形形色色的 ESG 评价机构有上百个，其中大部分为营利性企业的子公司或部门。国际上较有影响力的 ESG 评价机构有 MSCI、道琼斯、汤森路透、富时罗素、晨星等。这些评价机构推出的 ESG 评价产品通常涵盖全球范围内的企业。部分实力雄厚的评价机构还会根据评价结果进一步构建相关指数产品，如 MSCI 推出的 MSCI ESG Leaders Index，富时罗素推出的 FTSE4Good Index，道琼斯推出的 Dow Jones Sustainability Index。

不同评价机构往往采用不同的指标、量化方法和打分机制。其评价结果也往往呈现出较大的差异性。以主要评价机构为例，MSCI 的 ESG 评级体系涉及企业在环境、社会和治理三个方面十项主题下的 37 项关键指标。其中包括环境方面的四项主题（气候变化、自然资本、污染及浪费、环境机会），社会方面的四项主题（人力资本、产品可信度、股东否决权、给社会创造价值的机会）以及治理方面的两项主题（公司治理、公司行为）。最终评级结果采用 AAA - AA - A - BBB - BB - B - CCC 共七个等级。汤森路透 ESG 评级体系是全球最全面的 ESG 评级体系之一，涵盖全球 7000 多家上市公司自 2002 年以来的表现。汤森路透 ESG 综合评分体系由两部分评分构成，一部分是对环境、社会、公司治理项下十个类别的 178 个关键评级指标的 ESG 评分，另一部分是对公司争议项的评分。汤森路透评级体系采用百分位等级评分法（长江证券，2018），根据最终综合评分划定企业等级。富时罗素评级体系包括环境、社会、公司治理三个方面 14 项主题以及 300 多项评价指标，其主题包括环境类的五项主题（生物多样性、气候变化、环境污染与资源利用、供应链、水安全），社会类的五项主题（客户责任、产品健康与安全、人权及社区、劳动标准、供应链），以及公司治理类的四项主题（反腐败、公司治理、风险管理、税务透明度）。对于评价机构的指标设定和量化方法，读者可进一步参考第 3 章。

1.4.5 投资者

近年来，随着ESG投资理念在全球盛行，以获得长期利润流入而非眼前一时之利为目的的投资理念已得到共同基金、社保基金等机构投资者的广泛认同。越来越多的投资者也意识到企业的环境绩效可能会影响财务绩效，逐渐将ESG因素纳入投资决策的考虑范围内。例如，共同基金巨头富达基金（Fidelity Investment）于2012年签署了《联合国负责任投资原则》，并承诺："对富达基金而言，将环境、社会及公司治理议题纳入考虑是制定投资决策的一部分"，这是因为富达相信，投资ESG方面"表现好的企业，能增进和保障客户的投资回报"。

全球范围内，欧洲的机构投资者在环境、社会和治理（ESG）投资实践方面的经验较为先进，过去十年，欧洲市场的ESG基金数量增加了40倍（Fedorova，2020）。伦敦证券交易所发布的《ESG报告指南》（2020）表明，60%的欧盟投资者基于可持续投资决策管理资产。欧洲可持续投资论坛组织（EURO SIF）2018年的报告显示，2017年欧洲责任投资总规模大约为23万亿欧元，其中基于ESG融合策略（ESG Integration）的投资是4.2万亿欧元（报告链接：http：//www.eurosif.org/sri－study－2018/）。

在美国投资行业，ESG投资和社会责任投资同样呈现迅速上涨的趋势。根据美国可持续投资论坛组织2016年的报告，美国责任投资规模超过8.72万亿美元，其中8.1万亿美元是ESG投资。全球可持续投资联盟（GSIA）2018年发布的报告表明，2014～2018年，美国可持续投资资产规模年增长率为16%。1995～2016年美国纳入ESG投资的基金数量及净资产规模的增长情况如图1.4和图1.5所示。此外，根据橡树资本（Oak-tree Capital）于2020年发表的投资报告，美国个人投资者对可持续投资的关注度同样在不断增长，85%的一般投资者和95%的"千禧一代"（在1981～2000年出生的人）表示对可持续投资感兴趣。

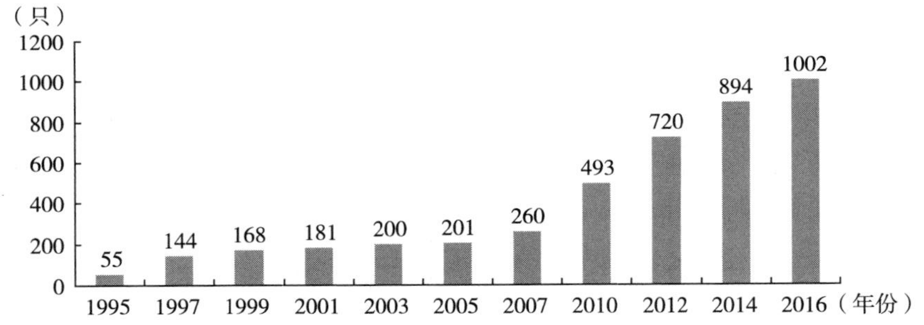

图 1.4　1995～2016 年美国将 ESG 因素纳入投资决策的基金数量

资料来源：US SIF，www. ussif. org/files/SIF。

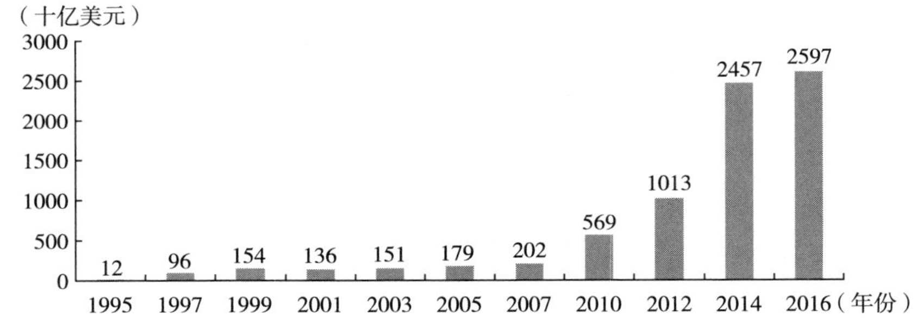

图 1.5　1995～2016 年美国将 ESG 因素纳入投资决策的基金净资产规模

资料来源：US SIF，www. ussif. org/files/SIF。

ESG 理念进入中国的时间较晚，在社会层面 ESG 投资实践尚不成熟，大部分个人投资者对 ESG 投资理念的理解和应用程度较低。当前证监会、基金业协会等监管机构正在不断完善和推广 ESG 相关政策，呼吁公募基金、公共基金、对冲基金、主权基金等机构投资者积极践行 ESG 投资。ESG 投资理念可以为投资者提供量化的数据，以判断标的企业在环境、社会以及公司治理方面有何作为，有利于投资者判断该企业是否是一个优秀的企业公民，以规避不必要的投资风险。加大对 ESG 理念的普及宣传力度，使更多投资者了解 ESG 理念的含义和价值，将有助于我国推进

ESG投资的发展。

1.4.6 交易所

2009年召开的联合国可持续证券交易所倡议（Sustainable Stock Exchanges Initiative，SSEI）首次会议，向证券交易所发出了支持并执行ESG信息披露指引的呼吁。随着ESG理念向全球推广，各国证券交易所也纷纷加入ESG发展行列，成为重要的行动主体。截至2020年12月，来自北美洲、欧洲、亚洲等98家证券交易所已经加入了SSEI，成为SSEI的伙伴交易所，共同致力于推动ESG在全球的发展（殷格非，2018）。

2006年，《联合国负责任投资原则》（PRI）在纽约证券交易所发布，要求PRI签署方必须将ESG纳入投资决策的考虑因素，同时鼓励所有投资者遵守ESG投资原则，践行ESG投资理念。作为证券发行人与投资者的交易平台，纽约证券交易所通过推行PRI，推动企业可持续发展，为利益相关者创造长期利益。不过，尽管对投资者提出了将ESG纳入投资决策的要求，纽约证券交易所目前尚未强制要求任何企业进行ESG信息披露。

2019年，纳斯达克证券交易所发布了最新的《ESG报告指南》。与前一版指南相比，新版扩大了约束主体的范围，将指南适用于所有在纳斯达克上市的公司和证券发行人。该指南旨在为所有利益相关者营造一个公平、透明、高效的资本市场。纳斯达克采取完全自愿的披露方式，不要求所有公司进行披露，减轻了企业ESG披露的压力。该指南仅仅为自愿进行披露的公司提供指导，并且通过专家咨询、案例研究等方式为公司提供实质性帮助。

2016~2018年，伦敦股票交易所连续三年发布《ESG报告指南》。2018年发布的最新版指南旨在为进行ESG投资决策的投资者提供更为清晰的指导，同时帮助企业了解投资者所关注的ESG信息，改善企业信息披露质量，推动企业完善在环境、社会、公司治理等方面的实践。截至2020年7月，在伦敦证券交易所挂牌交易的ESG指数已超过100家，来自超过 18 个国家的 100 多只绿色债券已经成功发行。

2020 年，日本交易所集团和东京证券交易所联合出版了《ESG 披露实用手册》，鼓励企业披露对投资者制定投资策略有价值的信息。该手册汇集了企业在开展 ESG 活动和信息披露时可能面临的问题，并针对企业发展的不同阶段制定了四个步骤，帮助企业循序渐进推进 ESG 活动。伴随着 ESG 投资在日本的发展，一批符合 ESG 投资理念的基金产品也逐渐涌现。2015 年，东京证券交易所建立了基础设施基金市场（其中的基金可以投资可再生能源基础设施），成立了投资太阳能发电厂等基础设施的基金，力图通过基础设施市场促进可再生能源发展。2018 年，东京证交所推出了一个绿色社会债券平台，允许债券发行人将债券的相关信息直接发布在该平台上，旨在推动绿色和社会债券市场的发展，这一平台也是东京证交所对日益突出的气候变化和社会问题做出的回应之一。

2012 年，香港联合交易所出台《环境、社会及管治报告指引》（以下简称《指引》），对在港交所上市的企业提出披露关键指标的建议，当时证交所对企业披露 ESG 仅采取建议态度，并未强制企业披露，同时鼓励企业在披露时首先报告企业的业务范围，解释 KPI 指数的具体计算过程，坚持做到持续披露。2015 年，香港联合交易所对《指引》进行修订，针对部分指标提出了“不遵守就解释”的原则，将 ESG 从建议披露上升到了半强制披露，如果企业未对被列为“不遵守就解释”的指标进行披露，则需要在其 ESG 报告中解释原因。此后，港交所将越来越多的指标纳入“不遵守就解释”的范围。2019 年，香港联合交易所对《指引》进行再次修订，新增了有关气候变化方面的披露要求，并对原来环境与社会的关键绩效指标进行修订，此次修订体现了香港联合交易所积极顺应国际及香港本地的可持续发展趋势，努力推动 ESG 信息披露制度进一步完善的决心。

1.4.7 非政府组织

非政府组织（Non - Governmental Organization，NGO）在推动 ESG 的

发展中起着至关重要的作用。由于非政府组织积极开展行动与实践，致力于与企业、投资者及其他利益相关者的沟通，其数据更新频率远高于官方政府数据库（Blood，2019），数据的实用性和针对性往往也更强，投资者甚至可以通过研究非政府组织的动向来把握ESG的发展趋势。

2000年，联合国全球契约组织（United Nations Global Compact，UNGC）成立。UNGC隶属于联合国秘书处，是世界上最大的推进企业社会责任和可持续发展的国际组织。UNGC提出十项针对人权、劳工、环境、反腐败问题的原则，并动员全球范围内的企业将该十项原则纳入经营战略之中，共同推动全球化朝积极方向发展。同时，全球契约地方网络与位于纽约的总部密切合作，与地方企业、政府、利益相关者等建立联系，结合当地实际推动企业的可持续发展。

2009年，全球影响力投资网络成立。影响力投资与ESG投资的区别在于，ESG投资单纯考虑对哪些行业进行投资会对社会产生正面影响，影响力投资不仅考虑哪些投资会对社会产生正面影响，还对影响力的大小进行评估。GIIN对影响力投资的定义为“通过对公司、组织和基金的投资，在获得财务回报的同时，对社会、经济和环境产生可以衡量的积极影响力”（刘若穗，2019）。2020年，GIIN推出影响力投资测量系统“IRIS+”，旨在帮助投资者量化影响力，制定更精确的投资策略。

另外，智库类非政府组织也可影响ESG的发展。智库的主要作用是为制定政策提供信息，以及就与公众利益相关的问题进行组织讨论。智库可依托于高校，也可独立运行；可关注各种广泛议题，也可专注于某一特定议题。例如，当前全球气候变化、环境保护问题日益突出，亟须各国智库贡献力量。美国宾夕法尼亚大学公布的2019年全球智库排名报告，在水安全方面列举了中国水利水电科学研究院（中国）和云南大学亚洲国际河流中心等智库，在环境政策方面列举了斯德哥尔摩环境研究所（Stockholm Environment Institute）和世界资源研究所（World Resources Institute）等智库。2020年7月，中国首家开展ESG研究的高校智库——中国ESG研究院在首都经济贸易大学成立。中国ESG研究院的目的在于汇集各方力量，深入研究和推广 ESG 理念，构建中国 ESG 评价指标体系和数据库，推动企业将 ESG 理念融入经营管理，实现可持续发展目标。

1.5 ESG 与中国经济高质量发展

推动 ESG 理念在中国落地实践具有重要意义。ESG 理念可助力我国经济高质量发展。2017 年党的十九大报告首次提出“高质量发展”，并指出“我国经济已由高速增长阶段转向高质量发展阶段”。2020 年 10 月党的十九届五中全会通过了《中共中央关于制定国民经济和社会发展第十四个五年规划和二〇三五年远景目标的建议》（以下简称《建议》）。《建议》明确指出，“十四五”期间要“以推动高质量发展为主题”。企业是经济社会运行的基本单元，经济和社会的发展转型离不开企业的重要作用。ESG 理念强调企业要注重生态环境保护、履行社会责任、提高治理水平，与高质量发展这一主题不谋而合。在理论上，ESG 可为企业在环境、社会和治理三方面发展提供指导性原则，为企业高质量发展指明道路；在实践上，ESG 可给出评价企业在环境、社会和治理三方面表现的方法和指标，为企业践行高质量发展提供必要的工具。此外，《建议》强调，“十四五”期间我国经济和社会发展要贯彻“创新、协调、绿色、开放、共享的新发展理念”。ESG 涵盖的诸多指标和新发展理念高度契合，可为企业贯彻新发展理念提供切实可行的抓手。

首先，“绿色”新发展理念与 ESG 中环境方面如表 1.1 所示的诸多议题相契合。ESG 所涵盖的企业的环境污染、可再生能源的利用、温室气体排放、能源利用效率、水资源管理、土地资源管理、生态多样性等议题，正是对新发展理念中绿色发展理念的实践。我国“十四五”规划和“二〇三五年社会主义现代化远景目标”提出了主要污染物排放总量持续减少，碳排放达峰后稳中有降的要求。同时，“十四五”规划要求我国能源资源配置更加合理、利用效率大幅提高，呼吁企业在生产中要提高能源利用效率，合理利用水资源和土地资源。生态文明建设是我国发展进程中不可缺少的部分，生态环境持续改善、生态安全屏障更加牢固等内容对推动经济社会发展至关重要。因此，企业作为经济活动的基本单元，践行 ESG 中环境方面的举措，改进“环境”方面的指标的表现，与“绿色”新发展理念高度一致。

ESG 在社会方面，关注企业的工作环境、供应链标准、慈善活动、社区关系、员工福利等因素，这些因素与“协调”“共享”的新发展理念相契合。ESG 在治理方面，关注企业的商业道德、反竞争行为、股东权益保护等因素，这些因素与“创新”“共享”的新发展理念相契合。另外，《建议》还提出，“十四五”期间我国经济和社会发展的主要目标之一是“加快构建以国内大循环为主体、国内国际双循环相互促进的新发展格局”。ESG 是国际主流的投资理念，指导着万亿美元的资本流动。ESG 可促进国内企业按照更高的标准走向国际、融入国际大循环，实现高水平的“走出去”和金融市场的双向开放。因此，ESG 也有助于企业贯彻“开放”这一新发展理念。

应当注意的是，在不同 ESG 评价机构给出的评价结果中，中国企业当前的表现还不尽如人意。如图 1.6 所示，中国企业在 MSCI 和富时罗素新兴市场指数中的占比都超过了 40%，这一比例和中国的经济发展水平是比较相符的。但是与之形成鲜明对比的是，中国企业在新兴市场 ESG 指数的占比远远低于 40%，低于印度企业占比。在富时罗素 ESG 指数 FTSE4Good 的 5 分制打分系统中，中国企业平均得分为 1.5 分，新兴市场企业平均为 2.1 分，发达国家企业平均为 3 分。

中国企业在 ESG 评价中表现不佳可能会制约国际资本流入。2007 ~ 2008 年的金融危机后，跟踪特定指数的被动投资（Passive Investing）迅猛发展。根据富时罗素公司的分析，在欧洲新推出的被动投资金融产品中，基于气候变化和 ESG 主题的产品已经超过一半，在北美和亚洲已经超过 1/4。大型指数编制公司如 MSCI 和富时罗素设计的各类指数往往是被动投资的重要依据。因此，中国企业在 ESG 主题的指数中占比过低，很可能会影响国际资本投资中国企业。造成中国企业 ESG 表现不佳的原因可能有两个：一是一些企业确实对于 ESG 认识不足，未能在管理中采取相应措施，故而表现不佳；二是部分企业采取了相应的 ESG 措施，实际表现也堪称良好，但缺乏有效充分的外部沟通。

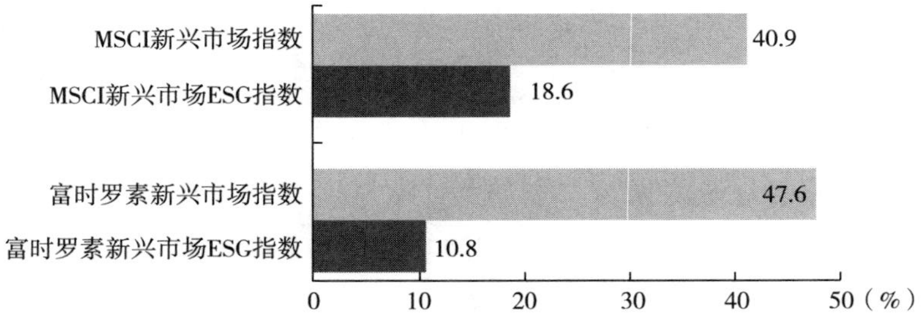

图 1.6　中国企业在新兴市场指数和新兴市场 ESG 指数的占比

注：依据 2020 年数据绘制，其中 MSCI 新兴市场 ESG 指数依据 MSCI Emerging Markets SRI Index，富时罗素新兴市场 ESG 指数依据 FTSE4Good Emerging Index。

ESG 是当前世界企业管理和金融投资领域的发展方向，亦符合中国当前的发展需求和“十四五”发展规划。为更好地发挥 ESG 对于中国经济高质量发展的推动作用，需要完善 ESG 相关的披露、监管和评价系统，提高社会各界对于 ESG 的认识。对于构建中国 ESG 框架的进一步讨论可参见第 6.5 节。

第2章　ESG理论解析

ESG体现的是一种兼顾经济、环境、社会和治理效益的可持续发展价值观，是一种追求企业长期价值增长的新型投资理念和评价体系。本章分别阐述企业环境责任理论（Corporate Environmental Responsibility，CER）、企业社会责任理论（CSR）和公司治理理论这三个ESG理论的重要组成部分，并在此基础上全面解析ESG理论。

2.1　企业环境责任理论

2.1.1　企业环境责任概念

伴随经济高速增长和人们物质文化需求持续升级，全世界面临资源日益紧张、生态环境恶化等一系列问题；特别是近些年来气候变暖、雾霾污染严重等情况已经引起社会各界的广泛关注。习近平总书记在党的十九大报告中指出："构建政府为主导、企业为主体、社会组织和公众共同参与的环境治理体系。"企业环境责任逐渐成为企业可持续发展的重要保证，企业在创造经济利润的同时，还要承担起对生态环境应尽的责任。许多学者都探讨了企业履行环境责任的现实价值。然而，对于企业环境责任的概念界定仍存在不同意见（见表2.1）。

表2.1　企业环境责任的概念界定

作者与时间	定义
Henriques & Sadorsky（1999）	环境责任是企业通过与利益相关者之间公开透明的关系管理对社会产生正向积极影响的过程，这既实现了对环境的承诺，又满足自身可持续发展的要求
刘俊海（1999）	追求经济利润最大化不是企业仅有的责任，企业应当对众多的利益相关者负责
Bansal & Roth（2000）	环境责任是企业为减少对生态环境的影响，对企业的生产和管理过程施加伦理约束的自律行为
卢代富（2002）	企业存在的最终目的是获得利润、提高收入，但企业在追求利润的过程中也需要承担环境责任
Mazurkiewicz（2004）	企业在生产经营过程中应减少废弃物和碳排放，同时实现资源利用率和生产力的最优化
Cramer（2005）	企业基于3P原则来管理环境，并相应地创造共享价值的规范、态度和行为
Lyon & Maxwell（2008）	企业具有自由决定权，企业环境责任是企业超出法律法规，自愿生产绿色环保产品并用环境准则来约束自身行为，为建设环境友好型社会贡献力量
Onkila（2009）	环境责任是对利益相关者要求的被动反应，是政府、社区等利益相关者综合影响的结果
许家林（2009）	企业在生态环境可承受的范围内追求经济增长才是稳妥的发展模式，才能真正实现可持续发展
黄晓鹏（2010）	将利益相关者和生产经营者的利益追求协调成一个统一体，是企业履行社会责任的最佳契约
贺立龙等（2014）	在某种经济机制的规范和指引下，企业能够以实现社会福利最大化为目标，合理配置和有效使用环境资源

在国外早期有关环境责任的研究中，环境责任被认为是一种伦理性行为，不需要考虑经济视角，只从企业对法律规范的遵守和自律方面来分析。Bansal 和 Roth（2000）提出，环境责任是企业为了减少对生态环境的影响（主要是环境污染），在产品、管理流程以及行为规范等方面作出

改变的行为，这是一种在伦理约束下作用于企业生产和管理的自律行为。Mazurkiewicz（2004）更加清晰地将CER解释为企业在生产、设施和产品方面的管理对生态环境所带来的影响，在减少生产经营过程中的废弃物和碳排放的同时，实现资源利用率和生产力的最优化。Lyon和Maxwell等（2008）则重点研究企业的自由决定权，他们认为环境责任是企业超出法律法规，自愿生产绿色环保产品并用环境准则来约束自身行为，为建设环境友好型社会贡献力量。

随着研究的深入，一些学者开始从经济效益角度出发，将企业环境责任与利益相关者理论（Stakeholder Theory）相联系。Henriques和Sadorsky（1999）提出，环境责任是企业通过与利益相关者之间公开透明的关系管理对社会产生正向积极影响的过程，这既实现了对环境的承诺，又满足自身可持续发展的要求。Cramer（2005）认为环境被各类利益相关者共同关注，是所有企业赖以生存和发展的重要基石，企业基于3P原则（People，Planet & Profit）来管理环境，并相应地创造共享价值的规范、态度和行为。而Onkila（2009）则认为环境责任是对利益相关者要求的被动反应，是政府、社区等利益相关者综合影响的结果。

我国对于环境责任的研究虽起步较晚，但也取得了一定的成果。刘俊海（1999）在国内第一次探讨了企业社会责任，他指出追求经济利润最大化不是企业仅有的责任，在企业长期的经营发展中存在着众多的利益相关者，企业对他们也负有责任。卢代富（2002）提出，企业作为整个社会的一部分，其存在的最终目的是获得利润、提高收入，但企业在追求利润的过程中也需要承担环境责任。尽管企业在破坏环境的基础上获取的利润增长能够增加短期绩效，但从长远发展考虑，这将对我们的子孙后代和整个人类造成巨大的伤害。因此，企业在追求效益最大化的同时，还应关注自身给环境带来的影响，在生态环境可承受的范围内追求经济增长才是稳妥的发展模式，才能真正实现可持续发展（许家林，2009）。此外，将利益相关者和生产经营者的利益追求协调成一个统一体，是企业履行社会责任的最佳契约（黄晓鹏，2010）。贺立龙等（2014）则将企业环境责任解释为在某种经济机制的规范和指引下，企业能够以实现社会福利最大化为目标，合理配置和有效使用环境资源。

通过整理发现，虽然国内外学者对企业环境责任的概念界定存在差异，但是其核心是一致的，即在法律与道德的约束下，企业在追求利润最大化的同时，还要广泛关注其他的利益相关者，共同参与环境保护以维护生态平衡。此外，企业承担环境责任并非简单的“赚钱加治污”过程，在开展经济活动时还应当综合考虑环境资源的社会用途及福利效应，实现社会福利最大化和可持续发展。

2.1.2 理论演进脉络

从企业社会责任的发展来看，对企业环境责任的研究大致可以分为：理论萌芽时期、理论发展时期和理论深化时期（柳学信、杨烨青，2020）。

2.1.2.1 企业环境责任的萌芽时期（20 世纪 20 年代初至 20 世纪 60 年代末）

1923 年，英国学者欧利文·谢尔顿最早提出了“企业社会责任”的概念，倡导环境责任是社会责任的重要组成部分。霍华德·R. 鲍恩（Howard R. Bowen）于 1953 年也指出美国商人的具体社会责任包括保护自然资源。随后，美国生物学家蕾切尔·卡森在 1962 年出版的著作《寂静的春天》中以严肃的笔触描述了人类为滥用化学杀虫剂所付出的惨痛代价，警示人们工业社会所面临的环境危机。同时，“二战”时期对自然环境产生的灾难性影响，进一步引发了社会对企业环境责任的密切关注。

2.1.2.2 企业环境责任的发展时期（20 世纪 70 年代初至 20 世纪 90 年代末）

20 世纪 70 年代以来，“印度博帕尔毒气泄漏”“莱茵河污染”“埃克森油轮漏油”等重大事件爆发，这些“悄无声息的侵蚀之痛”使整个社会深刻意识到环境责任的重要性。1970 年，美国《清洁空气法》（Clean Air Act，CAA）修订案正式出台，该法案强调从“源头”治理大气污染和保护空气质量。1971年，美国联邦政府成立了国家环境环保署（Environmental Protection Agency，EPA）这一独立行政机构，其具体职责是依法从事或赞助环保项目以提升公众的环保意识和社会责任感，进而保护生态环境免受危害。1985年，科学家发现南极上空的臭氧层出现“空洞”，呼吁世界各国共同参与环保运动。1987年，26个国家联合签署了《蒙特利尔议定书》这一限制破坏臭氧气体排放的环境保护公约，这是世界上第一个具有法律约束性的国际环保公约。1997年，部分发达国家达成《京都议定书》，要求各国必须共同努力，减少温室气体排放量以应对全球气候变暖。《蒙特利尔议定书》和《京都议定书》是具有法律约束力的国际环保条约的典范。

2.1.2.3 企业环境责任的深化时期：21世纪初至今

继《京都议定书》之后，为帮助各成员国快速有效地实现减排目标，欧盟于2005年建立了碳排放交易体系（European Union Emission Trading Scheme，EU ETS），并于2008年开始正式运行。该体系属于总量控制与交易体系，同一区域内的各成员国在碳排放总量不超过允许范围的情况下，可以通过货币交易自由调整排放量，进而达到节能减排、保护环境的目的。2015年，在巴黎气候大会上通过了《巴黎协定》，该《协定》呼吁世界各国应该通过强有力的国际合作应对气候变化。2016年9月，中国人大常委会批准中国加入《巴黎协定》，成为第23个完成批准协定的缔约方。随着全球化趋势的不断加强，从21世纪初至今，我国对环境的重视程度不断加深，政府为了探索环境与经济的可持续发展付出了巨大努力，仅国务院直属正部级以上事业单位就发布环保政策20余项，如《关于加快发展节能环保产业的意见》（2013年）、《关于积极发挥环境保护作用促进供给侧结构性改革的指导意见》（2016年）等，各省份的相关政策更是数不胜数，如《北京市关于推动生态涵养区生态保护和绿色发展的实施意见》（2018年）、《天津市生态环境损害赔偿制度改革实施方案》（2019年）等。

2.1.3 理论发展基础

有研究表明，企业环境责任的发展基础可以从道德、法规、经济和理论四个层面进行阐述（王珊珊、王铭初，2020）。

2.1.3.1 企业环境责任的道德基础

企业社会责任包括强制性和自愿性两个方面（Schwartz and Carroll，2003）。对于企业而言，仅依靠法律法规强制规定应承担的环境责任显然是不够的，这就需要其自愿承担起相应的道德责任，以顺应瞬息万变的环境。解本远（2012）通过后果主义理论对企业社会责任的道德基础进行了辩护，根据 Porter 和 Kramer（2006）提出的“共享价值”论，企业以创造共享价值这一最好后果为目标，应当积极承担社会责任。也有学者从企业的公民性出发，认为企业享有社会所赋予的权利用以支配和使用资源，也应当履行相应的社会义务（Crane and Matten，2005），协调与自然环境等各利益相关者之间的关系以维护社会和谐稳定。

2.1.3.2 企业环境责任的法规基础

针对环境问题，各国政府纷纷出台了一系列相关政策措施以规范企业行为，也更加严格规范对污染环境行为的惩处力度。芬兰是世界上最早颁布环保法规的国家，其新实施的《环境保护法》涉及防止空气污染、节能节水及垃圾处理等方面，并要求企业在取得许可证后才能排放废水，并严格遵循“污染者支付原则”对污染行为进行严厉处罚。法国的《环境宪章》中强调环境是人类共同的财富，人人都应承担维护和改善环境的责任，并依法为破坏环境的行为做出赔偿。我国 2015 年开始施行的新《环境保护法》中的第五章也明确指出，环保部门或单位应当依法主动公开有关环境信息，以便公民和其他组织共同参与和监督环境保护。由于国家和政府对企业环境责任表现的严格规定，企业必须将环境信息披露纳入企业信息披露制度中，积极承担环境责任。

2.1.3.3 企业环境责任的经济基础

在践行绿色环保理念方面，各国还相继制定了一些方案为企业履行环境责任提供经济支持，包括为致力于优化能效、提升可再生能源利用率与节能减排的措施提供财政补贴和税费减免等。例如，对开展节能环保项目的企业减免所得税；对购买和使用节能减排设备的企业实行税额减免；为使用新能源车的企业提供补贴和新能源汽车的购置优惠。此外，各省份还为从事新能源、可再生能源开发利用及推广等项目的企业和机构提供节能转向资金。

2.1.3.4 企业环境责任的理论基础

已有研究从政府、社会以及企业角度出发，探讨企业环境责任的履行。对于政府，从宏观层面来看，根据外部性理论，环境污染等问题具有明显的负外部性，会对其他个人或组织造成损害，因此应当通过法律制度明确企业的环境责任，纠正其负外部性（陈红心，2010）。具体而言，近年来我国积极践行可持续发展理念，将发展循环经济作为重大战略决策。国内部分学者根据可持续发展理论阐述了企业履行环境责任的理论基础（赵茜、石泓，2012；底萌妍，2020），认为企业发展的最终目标在于实现可持续均衡发展，在生产经营过程中应当充分考虑环境绩效所带来的价值增值。也有学者根据循环经济理论，认为循环经济模式追求的是资源的良性循环、有效利用及污染物的“零排放”，有利于实现经济与生态环境的相互协调与共同发展，为企业环境责任的履行方式提供了思路指引（张忠华、刘飞，2016）。从社会角度看，依据利益相关者理论，企业是通过利益相关者之间签订一系列契约而形成的利益共同体，企业社会责任的承担是协调各方利益的有效途径（Lokuwaduge and Heenetigala，2017）。从企业角度看，依据合法性理论，企业为了保护自身生存不受威胁，会自觉遵守社会契约和准则并自愿披露环境保护信息，积极承担环境责任（Tilling，2004）。

2.1.4 企业环境责任与企业创新

2.1.4.1 波特假说

传统的新古典环境经济学认为，环境规制通过纠正环境问题的负外部性而给企业带来了额外的成本，迫使企业改变原先最优的资源配置策略和生产方案，从而削弱了企业的竞争优势和经济增长的动力。20 世纪 90 年代，经济学者波特对此表示质疑，提出了环境规制对经济效益作用的不同观点，即“波特假说理论”（Porter’s Hypothesis），其认为环境规制虽然会给企业带来成本负担，但适度的环境规制可以激励企业进行更多的创新尝试，如更合理有序地开展业务，开发可节约成本的新技术与新工艺或寻求有机废物转化与再利用的有效方法等，提高企业的生产力以抵消遵循环境规制消耗的成本，即发挥“创新补偿效应”从而提升企业在市场上的盈利能力。其后，Porter 和 van der Linde（1995）对“波特假说”进行剖析和检验，解释了环境规制激发企业创新的五个原因，包括提高企业环保意识、向企业传递现有资源利用效率低下和潜在的技术改进机会的信号、明确绿色创新方向从而降低环境投资的不确定性等。

Jaffe 和 Palmer（1997）将“波特假说”进一步划分为“弱波特假说”“强波特假说”“狭义波特假说”三种类型。“弱波特假说”认为适度的环境规制能够推动企业加强创新，但无法确定规制与创新之间的相互作用是否对企业有利以及在多大程度上受益；“强波特假说”支持创新具有“补偿效应”，强调由合理规制带来的创新能够有效地弥补额外遵循成本以提升企业的竞争力；“狭义波特假说”则指出不同的环境规制工具为企业创新带来不同的激励效果，与形式单一的指令型规制工具相比，较为灵活的市场型规制工具更有利于企业自由选择遵循规制所需采取的行动，因此发挥更强的创新激励作用。

2.1.4.2 研究进展

关于环境规制对企业创新的影响，大多数实证研究都证实了“弱波特假说”，认为两者之间能够产生积极效应。Lanjouw 和 Mody（1996）用污染治理支出来衡量环境规制的强度，用环境专利数量来反映环境技术创新的成果，由此分析环境规制对技术创新的影响。结果显示，环境专利数量会随着污染治理支出的增加而增多，即环境规制在一定程度上能够促进环境技术创新，但存在 1 ~ 2 年的影响滞后期。Brunnermeier 和 Cohen

（2003）以制造业为例，考察环境规制与产业技术创新之间的关系。结果表明两者之间存在显著的正相关关系，具体来看，每增加100万美元的污染治理成本，环境专利将增加0.04%。除此之外，学者们对此还进行了更细致的研究。Kemp和Arundel（1998）指出，不同类型的环境规制政策会刺激不同类型的生态创新。当政策强调污染治理时，企业侧重于研发最终处理技术；而当政策强调污染预防时，企业的创新焦点则变为清洁生产技术。王国印和王动（2011）基于分区视角来考察不同地区环境规制与企业创新的关系，研究表明，“波特假说”效应存在区域差异性，在较发达的东部地区得到了很好的验证，却不适用于较落后的中部地区。这与环境规制强度和经济发展水平所具有的“门槛效应”有关。一方面，环境规制强度和技术创新之间并非线性关系而是“U”形关系，只有环境规制强度达到特定门槛值后，才能验证“波特假说”；另一方面，经济发展水平则存在双重门槛，当经济发展到一定阶段时，先前的经济发展模式对生态环境造成的严重破坏亟须挽救，以及人民收入水平提高而产生的高质量环境需求都会扩大环境规制对技术创新的促进作用（沈能、刘凤朝，2012）。

目前，对“强波特假说”的检验也有着比较丰富的研究成果。Peuckert（2014）的研究发现，在短期内，环境规制与企业竞争力呈负相关；而从长期看，遵循环境规制却有利于提升竞争力。张三峰和卜茂亮（2011）基于中国企业的问卷数据，实证研究了环境规制对企业生产率的影响。结果表明，环境规制与企业生产率之间存在显著的正向关系，环境规制强度每增加10%，企业生产率将提升5%～7%。而王杰和刘斌（2014）指出，环境规制与企业全要素生产率之间是倒“N”形关系，过大和过小的环境规制强度都不会促进企业全要素生产率的提高，两者之间的激励作用只有在合理范围内才会产生。徐敏燕和左和平（2013）将产业划分为重度污染、中度污染和轻度污染三类，分别研究其环境规制与产业集聚、产业竞争力之间的关系。在轻度和重度污染产业内，环境规制对企业竞争力的影响并不显著，甚至导致其下降；而中度污染产业内的环境规制形成的集聚效应对竞争力提升发挥了重要作用。原毅军和谢荣辉（2016）对“强波特假说”进行再检验，他们将环境规制分为费用型和投资型，并分别采用“排污费”和“工业治污投资额”作为规制强度的衡量指标。结果表明，其成立与否受到环境规制强度与类型的双重影响，在环境污染治理中应注重两种规制工具的结合使用以推动工业经济的绿色增长。

另外，近年来随着绿色可持续发展理念的不断深入，企业技术创新开始逐步向绿色创新发展，这一方面是由于国际环境保护标准的推动，另一方面也是投资者和消费者不断提高的社会责任意识产生驱动力的结果。Porter 和 van der Linde（1995）经研究发现，率先实施绿色创新战略的企业能够获得先动优势以抢占市场有利地位，而且将社会责任与技术创新相融合也有利于塑造良好形象，进一步提高知名度、开拓新市场并取得更高收益。Hamamoto（2006）以日本制造业为例研究了绿色创新的影响因素，指出合理的环境管制能刺激企业增加技术研发投入，有效推动减排等绿色技术的扩散。此外，企业承担慈善捐赠责任的动机可能受到消费者的质疑（高勇强等，2012；权小锋等，2015），但承担环境责任并不存在这一困扰；企业承担基于产品创新和工艺创新这两类社会责任，通过低污染的工艺技术生产绿色产品，既能够迎合广大消费者和投资者的环保诉求，增强他们对产品的购买意愿或投资意愿，也有利于吸引政府、社区、合作伙伴等利益相关者的认同感和信任感，从而获得更多的资源与资金支持（付强、刘益，2013）。

企业承担环境责任能够满足股东的利益需求，降低股东与管理层之间的代理成本，同时吸引市场投资者的监督以获得更多的可支配资金，进而推动企业增加研发投入，最终促进创新产出的提升（杨柏、林川，2016）。李婉红等（2013）以污染密集行业为研究对象来检验环境规制与绿色技术创新之间的关系。结果表明，严厉的环境规制会对绿色技术创新产生抑制作用，但随着行业规模的扩大和创新人力资本投入的增加，要素资源禀赋的重新配置能够促进绿色工艺创新产出。尤其是近年来环境压力不断增大，社会各界环境保护意识的持续增强也会使企业更为重视技术与工艺的升级改造，如采用绿色工艺装备改进现有生产流程以减少污染排放、借助现代高科技手段开发环保产品等，这对企业的社会绩效和财务绩效都会产生正向影响。Cook 等（2019）指出，创新战略决策是贯穿于企业整个生命周期的动态过程，相对应地，企业履行社会责任也是一个长期的过程。不同于短期的“漂绿”行为，实际的环境责任履行能够推动企业稳步发展，为企业带来长期性收益（Porter and Kramer，2006；Flammer and Kacperczyk，2016）。

2.2 企业社会责任理论

2.2.1 企业社会责任内涵

企业履行社会责任是助推企业长久发展的关键一环。2008 年震惊中外的“三聚氰胺事件”、2011 年沃尔玛重庆门店的“有机肉作假售卖行为”、2017 年长生生物“百白破疫苗质量问题”等，极大地推动了政府机构、投资者和消费者等各个群体对“S－社会”领域的关注。

2.2.1.1 企业社会责任概念

“企业社会责任”（Corporate Social Responsibility，CSR）最早于 1924 年由英国学者欧利文·谢尔顿提出，其后，鲍恩（2015）于 1953 年在《商人的社会责任》一书中将社会责任界定为“商人有义务按照社会的目标和价值观要求进行决策并采取行动”。他认为 CSR 的目的不在于解决当前特定的企业和社会问题，而是作为一种长期有效的机制引导企业的未来发展，这一开创性工作使关于企业社会责任问题的研究成为学术界讨论的热点议题。然而，国内外学者对于企业社会责任的概念仍各抒己见（见表 2.2）。

表 2.2 企业社会责任的概念界定

作者与时间	定义
Bowen（1953）	商人有义务按照社会的目标和价值观来制定政策、进行决策并采取行动
McGuire（1953）	企业不仅要承担经济和法律责任，还应该对社会承担除此之外的一些责任
Epstein（1987）	企业应当在不损害利益相关者利益的基础上进行决策
Carroll（1991）	提出企业社会责任的金字塔模型，指某一特定时期社会对企业所寄予的经济、法律、道德和慈善方面的期望
Robbins（1991）	企业一方面在法律允许的范围内追求经济利润，另一方面也谋求对社会有利的长远目标
Andrews（2003）	道德责任和慈善责任是企业社会责任的核心，企业承担社会责任不是单纯的遵守，应当为改善社会福利做出贡献
袁家方（1990）	企业在面对生存与发展过程中出现的各种社会需求和问题时，为维护国家、社会及人类的根本利益所承担的义务
刘俊海（1999）	企业发展的目标并不仅是谋求股东利润最大化，还应当尽可能地增加股东之外的其他社会利益
卢代富（2001）	企业社会责任是以非股东利益相关者为企业义务的相对方，企业应履行维护和增进社会利益的义务
屈晓华（2003）	企业通过制度和行为所体现的对员工、合作伙伴、客户、社区、国家履行的各种积极责任，具体包括经济责任、法律责任、生态责任、伦理责任和文化责任
周祖城（2005）	“综合责任说”更完整地反映社会的期望，企业应该承担包含经济责任、法律责任和道德责任在内的一种综合责任
金立印（2006）	强调企业不只对股东利益负责，还对员工、消费者、社区、自然环境等各利益相关者负有社会责任
张兆国等（2012）	企业在对股东承担经济责任的同时，还基于一套制度安排对债权人、政府、供应商、客户、员工、社区和环境等其他利益相关者负有法律或道德责任

首先，从内容上看，企业社会责任有广义与狭义之分。广义责任观认为企业社会责任是一种综合性责任，它囊括了经济、法律、道德和慈善等诸多方面，典型代表人物有 Carroll、周祖城等；而狭义的社会责任特指企业所需承担的道德责任和慈善责任，其代表人物有 Joseph W. McGuire、

Stephen P. Robbins 等。两者最大的区别在于是否将经济责任包含在内。其次，根据提出的视角不同，分为利益相关者和社会利益两个角度，各自代表人物分别有 Epstein、金立印、屈晓华、张兆国等、袁家方、刘俊海、卢代富等。利益相关者角度认为企业在为股东谋求利润最大化的同时，也应当追求其他利益相关者的价值最大化，即经济责任与社会责任并非此消彼长的对立关系，而是同时存在、同等重要且相互影响的关系。社会利益角度则认为企业在进行一切决策时需要认真地考虑其对社会的影响，并努力使结果有利于改善社会福利以实现社会利益最大化。

基于以上已有研究成果的比较分析，我们认为企业社会责任意味着企业在法律允许范围内追求股东利润最大化的同时，对投资者、员工、消费者、社区、政府及环境等各个利益相关者也负有责任。它包括经济、法律、道德和慈善等诸多方面，有利于维护和增加整个社会的利益。

2.2.1.2　企业社会责任维度

早期的一元社会责任观基于“股东利益至上”理论，认为企业唯一的责任就是在法律允许范围内，通过向社会提供物质产品和服务为股东或所有者谋求利润最大化。之后，学者们或有关组织根据不同维度对企业社会责任内容进行划分，主要有二维论、三维论和四维论（见表 2.3）。Gallo（2004）通过对家族企业的研究将 CSR 分为内部社会责任和外部社会责任。其中内部责任包括为顾客提供安全的产品和满意的服务、创造利润、确保员工的全面发展和企业的持续发展；外部责任主要是努力改善或阻止可能对社会产生不利影响的行为。Frederick（1983）把 CSR 分为强制性和自愿性两种类型，前者由政府法律规定，如保障公平就业、保护环境、维护消费者权益等，后者主要包括慈善捐赠等自愿性行为，企业主管可以为政府提供一些参考性建议以协助推动社会活动。1971 年，美国经济发展委员会（Committee for Economic Development，CED）提出 CSR 的“三个同心圆”模型，揭示其相互联系、层层递进的内在思想。内圈代表企业的基本责任，即为社会提供产品和服务并促进经济增长的经济责任；中圈是指企业在承担经济责任时对社会和环境负有责任，如保护环境、为员工创造安全且舒适的工作环境等；外圈则包含更大范围的为促进社会进步所需承担的其他新兴而未清晰界定的责任，如企业应积极地为消除社会贫困、改善社会福利水平等做出自己的贡献。国内学者陈迅和韩亚琴（2005）也提出了类似的观点，根据社会责任与企业关系的紧密程度把CSR分为三个层次：一是对股东收益负责和尊重员工、保障人权的基本责任；二是让顾客满意、听从政府安排、构建和谐社区关系和保护环境的中级责任；三是积极参与慈善捐助与公益事业的高级责任。另外，还指出基本社会责任是企业存在的前提，中级社会责任是企业发展的内在动力，而高级社会责任则更多体现的是企业的一种自愿性选择。此外，CSR还可看作由企业的个体责任、市场责任和公共责任三方面共同构成（陈淑妮，2007）。

表 2.3　企业社会责任的维度

维度	学者或组织	内容
一维论	Friedman（1970/2007）	企业唯一的责任是在法律允许范围内，通过向社会提供物质产品和劳务为股东谋求利润最大化
二维论	Gallo（2004）	企业社会责任分为内部和外部责任：内部责任包括向社会提供安全的产品和满意的服务、创造利润、确保员工的全面发展和企业的持续发展；外部责任主要是努力改善或阻止可能对社会产生不利影响的行为
二维论	Frederick（1983）	企业社会责任分为强制性和自愿性两种，前者由政府法律规定，后者主要包括慈善捐赠等自愿性行为
三维论	美国经济发展委员会（CED，1971）	企业社会责任由内而外分为三个同心圆：内圈代表企业促进经济增长的基本责任；中圈是指企业对社会和环境所负有的责任；外圈则包含更大范围的为促进社会进步所需承担的其他新兴而未清晰界定的责任
三维论	陈迅、韩亚琴（2005）	企业社会责任分为三个层次：对股东收益负责和尊重员工、保障人权的基本责任；让顾客满意、听从政府安排、构建和谐社区关系和保护环境的中级责任；积极参与慈善捐助与公益事业的高级责任
三维论	陈淑妮（2007）	企业社会责任由企业的个体责任、市场责任和公共责任共同构成
四维论	Carroll（1991）	金字塔模型：企业社会责任由低到高包括经济责任、法律责任、伦理责任和慈善（自愿）责任四种

目前，关于企业社会责任的具体内容，学术界最为广泛接受的是Carroll于1991年提出的四层次金字塔模型。该模型认为企业社会责任由低到高包括经济责任、法律责任、伦理责任和慈善（自愿）责任四种。首先，企业是一个生产或提供社会需要的商品、服务并基于公平原则进行产品定价和销售的经济组织，获得盈利是企业最纯粹、最重要的社会责任，也是企业履行各种责任的前提与基础。其次，企业的生产经营活动应当符合法律规定，在实现经济目标的过程中遵纪守法，承担必要的法律责任。再次，有时社会对企业还寄托超出法律范围的期望，希望企业能够遵守商业道德、公平竞争、避免损害利益相关者的利益等，承担更多的伦理责任。最后，社会还对企业寄托了一些美好的期望，其不存在固定的评判标准，企业对此具有自由决定权，自愿选择是否承担或承担多少，包括企业捐款、参与公益事业等慈善责任。他还进一步强调，“成为一个好的企业公民就是要承担企业社会责任中的慈善责任”。

2.2.1.3 企业社会责任三种境界

Sethi（1975）通过社会义务、社会响应和社会责任这三个概念的比较提出了满足社会需求的三维模型，随后Buccholz（1990）、Wood（1991）、Robbins（1996，2008，2011）等学者都对此内容进行了修正和完善。他们认为社会义务、社会响应和社会责任反映了企业承担社会责任的三种不同程度。

社会义务（Social Obligation）指的是企业应当履行的基本的经济和法律责任。社会响应（Social Responsiveness）的重点在于企业对社会环境变化的适应，它不去考虑从长远来看对社会有利的因素，而是以当前社会中的主流呼吁作为企业的行为准则，通过改变自身的社会参与方式积极应对社会状况的变化。社会责任（Social Responsibility）则强调道德概念，要求企业的决策与行为符合道德标准，主动从事公众尚未明确表达但能使社会变得更美好的工作，不做有损社会的事情。一个具有良好社会责任感的企业不仅在法律允许的范围内创造利润，而且追求有利于社会发展的长远目标。

据此，罗宾斯在管理学教材中描述了社会义务、社会响应和社会责任三者之间的关系（见图 2. 1），他认为社会义务只是一个企业从事社会和经济活动的基础，而社会响应和社会责任都超越了法律与经济要求，因此其位置高于社会义务后处于并列关系。而学者高良谋等（2014）将三个概念与金字塔模型相结合后总结出了新的关系图（见图 2. 2）。他们指出，经济责任和法律责任属于社会义务，社会响应等同于伦理责任，社会责任对应于慈善责任，因此三者位置从低到高分别为社会义务、社会响应和社会责任。另外，社会响应还应当高于“最高法律义务线”，社会责任高于“最高社会呼吁线”（高良谋，2015）。

图 2. 1 （罗宾斯）社会义务、社会响应和社会责任的关系

资料来源：高良谋. 管理学高级教程［M］. 北京：机械工业出版社，2015：436 – 437.

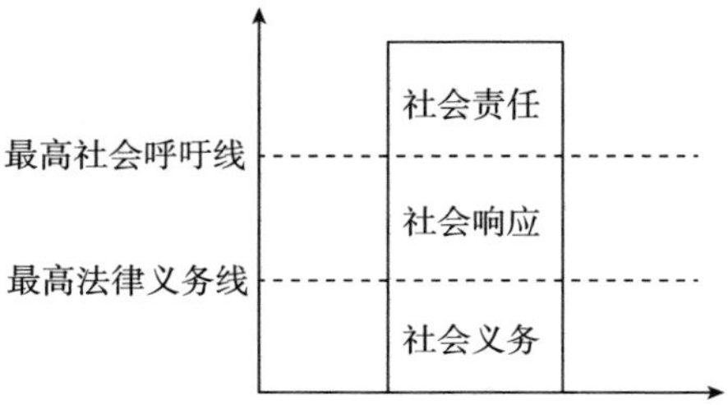

图 2. 2 社会义务、社会响应和社会责任的关系

资料来源：高良谋. 管理学高级教程［M］. 北京：机械工业出版社，2015：436 – 437.

2.2.2 企业社会责任的具体内容

随着概念的衍生与拓展，企业社会责任的内涵得到丰富和发展。但由于该领域所涉及的要素难以界定、范围较广且随着时代发展不断发生变化，学术界或业界对“S”的具体内容尚未达成共识。例如，2018 年 Facebook 的“泄露门事件”，通过分析用户的隐私信息并推送极具针对性的网络定向政治广告，从而达到左右美国总统大选的目的。利用新技术对社会产生不良影响的这一现象造成严峻的社会问题，更是对“S”领域的又一挑战。

早期的研究将“S”解读为“Social”——“社会因素”这一宽泛概念，后进一步延伸为更合适的“Stakeholder”——“利益相关者”以代之。企业不仅要追求股东利润最大化，还涵盖人权、雇员关系、环境健康、客户权益、当地社区、社会保障等诸多利益相关者方面，主要包括以下几点：

（1）尊重股东权益，保证企业生存发展。在市场经济条件下，股东与企业间的关系实际上是一种投资与被投资的关系，股东作为企业生存与发展的初始资金源泉，依法享有收益权与知情质询权等基本权益。一方面，企业有责任从事正当的经济活动，为股东创造较高的利润以确保资产的保值与增值；另一方面，企业有责任定期向股东提供真实可靠的财务报告和投资计划，以便股东充分了解企业的经营业绩和财务状况。

（2）生产放心产品，保障消费者权益。消费者是企业产品的购买者和使用者，是企业实现利润和价值的重要来源之一。由于现代先进的科技技术，消费者与企业在产品质量、性能、用途和价格方面的信息不对称性使消费者在客观上处于劣势地位，企业有责任向消费者提供安全、优质、价格合理、服务完善的产品以满足消费者日益增长的美好生活需要，不能为牟取暴利而生产或销售假冒伪劣产品和违禁品。另外，保障消费者权益也是企业承担社会责任的重要表现，消费者依法享有安全保障权、知悉真情权、自由选择权和求偿权等。

（3）坚持以人为本，营造良好工作环境。雇员是企业发展的重要推动力，现代企业间的竞争归根结底是人力资源的竞争。企业不仅对保证职工的福利、安全等权益负有法律义务，还要对他们承担道德责任。在尊重员工、保障员工合法收入的同时提供良好舒适的工作环境，激发员工更高的积极性和创造性，全身心地投入企业的生产经营进而不断提高工作效率以创造更多收益。

（4）维护社区利益，建立和谐社区关系。企业在空间上总是处于某个特定的社区，企业的各项生产经营活动所产生的大量岗位需求能够帮助解决社区人员的就业问题，但建造工厂产生的噪声、排污等问题也可能给居民的生活带来极大的不便，企业与社区之间有着密不可分的联系。企业应当积极主动参与社区建设，接纳困难人员就业，维护社区利益，和谐融洽的社区关系将形成无形资本促进企业的经营发展。

（5）保护生态环境，推动可持续发展。近年来，资源短缺、环境污染、生态破坏等一系列危机已严重影响全球经济的健康发展。企业要坚持以绿色创新为战略目标，积极采用清洁工艺和末端治理等新型环保技术设计和生产“绿色产品”，在节约资源和节省原材料的基础上，降低污染物和废弃物的排放量，并进行废物转化或循环利用，真正承担起经济和生态环境均衡、和谐、健康发展的重大责任。

（6）参与慈善活动，推进社会公益事业。此项社会责任是最传统的道德责任的表现，是一种自愿性责任。企业自愿地奉献爱心，通过各种援助行为扶弱济贫，包括向孤寡老人、残疾人、病重者等弱势群体进行慈善性捐赠，为失学儿童发放助学金，积极主动参加志愿者活动等。

2.2.3 中国企业社会责任发展脉络

根据中国企业社会责任的研究成果数量和实践分析，CSR 的发展主要经历了产生、初步发展以及快速发展这三个阶段。

2.2.3.1 企业社会责任产生阶段（1984～1998 年）

中国关于企业社会责任的研究起点位于改革开放以后。1984 年，党的十二届三中全会通过了《中共中央关于经济体制改革的决定》，标志着我国经济体制从原有的计划经济开始走向有计划的商品经济，由此出现了政企分开。随后，我国《环境保护法》《工会法》《公司法》《消费者权益保护法》《捐赠法》等法规的颁布，为企业履行社会责任创造了基本的法律环境。1985 年，第一篇与企业社会责任直接相关的文章《企业社会责任——访南化公司催化剂厂》发表于《瞭望》杂志；1990 年，由袁家方主编的《企业社会责任》出版，他首次对 CSR 作出定义并强调企业主要从纳税、自然资源、能源、环保、消费者等几个方面来履行社会责任，奠定了中国企业社会责任研究的理论基础。此外，我国还相继启动了“希望工程”、光彩事业促进会和慈善总会这三项社会事业的建设，这也使部分企业开始参与扶贫和捐赠等慈善活动，主动承担慈善责任。

2.2.3.2 企业社会责任初步发展阶段（1999～2005 年）

随着经济全球化的迅猛发展，中国对外贸易的快速发展对世界经济产生了重要影响，全球激烈竞争对中国提出的要求也就越严苛，关于企业社会责任的研究明显增多且更加系统化。1999 年清华大学当代研究中心开展的“跨国公司社会责任运动”专题研究、2000 年生效的《中华人民共和国中外合作经营企业法》等都标志着企业社会责任问题开始转向以跨国公司的劳工权益为关注中心。这一阶段，学者们还探讨了是否应该承担社会责任、社会责任标准、社会责任与企业绩效等问题。此外，关于企业社会责任的运动和社会实践也开始兴起。有关企业社会责任的组织如中国企业联合会可持续发展工商委员会、中国企业社会责任联盟、“北京地球村”等不断涌现，还开展了全球化背景下劳动关系与企业社会责任研讨会、中欧企业社会责任北京国际论坛等各种各样的企业社会责任研讨与论坛，倡导积极履行社会责任。

2.2.3.3 企业社会责任快速发展阶段（2006 年至今）

2006 年实现了中国企业社会责任发展的新突破，被称为“中国企业社会责任元年”。该阶段从国家法律、党的方针和政府政策三个层面进一步推动了企业社会责任的发展：2006 年 1 月新修订的《中华人民共和国公司法》第五条明确规定“公司从事经营活动……承担社会责任”；同年3月，温家宝同志批示国家电网发布的CSR报告时指出：“企业要对社会负责，并自觉接受社会监督”；10月，党的十六届六中全会通过的《中共中央关于构建社会主义和谐社会若干重大问题的决定》提倡“企业增强社会责任，构建和谐社会”。从此，企业是否应当承担社会责任已不再是一个学术辩题，而成为整个社会的关注焦点。另外，这一时期学者们开始将CSR融入企业战略管理，提出了包括战略形成、战略实施、战略控制和引入平衡计分卡评价思想的CSR管理路径（赵艳荣等，2012）；还提出了一种新的企业管理实践——企业全面社会责任管理的“3C+3T”模型，即由综合价值（Comprehensive Value）、合作（Cooperation）和共识（Consensus）三要素组合而成的“3C”思想体系以及由全员参与（Total Staff）、全过程融合（Total Processes）和全方位覆盖（Total Fields）三部分构成的“3T”实施体系（李伟阳、肖红军，2010）。

2.2.4 企业社会责任与财务绩效

企业社会责任与财务绩效的相关性分析一直是国内外企业管理研究的一个热点议题，学者们从定性和定量不同角度对此进行探讨，但至今尚无定论，主要存在正相关、负相关、无关或者“U”形关系这四类观点，具有代表性的研究如表2.4所示。

表2.4 企业社会责任与财务绩效关系研究

作者与时间	企业社会责任评价指标	财务绩效评价指标	研究结论
Preston & O’Bannon (1997)	《财富》公司声誉评级	总资产报酬率 净资产报酬率 投资报酬率	正相关
Ruf & Muralidhar (2001)	KLD评价分数	净资产报酬率 销售报酬率 销售增长率	正相关

续表

作者与时间	企业社会责任评价指标	财务绩效评价指标	研究结论
Mcwilliams & Siegel（2001）	KLD 评价分数	企业年度价值的平均值	无关
李正（2006）	内容分析法 指数法	Tobin's Q 值	负相关
王怀明、宋涛（2007）	国家贡献率 员工贡献率 投资者贡献率 公益贡献率	净资产收益率	正相关（对国家、投资者和公益事业） 负相关（对员工）
温素彬、方苑（2008）	利息支付率；员工获利水平；主营业务税金及附加率、账面所得税税率、应付账款周转率、是否通过 ISO 9000 质量认证体系、社会捐赠支出率、罚款支出率（逆指标）、企业高管中女性比例；是否通过 ISO 14000 环境认证体系、环境治理费用支出率	Tobin's Q 值 总资产报酬率	正相关（长期） 负相关（短期）
田虹（2009）	内容分析法 社会责任综合评价指数	销售利润率 总资产报酬率 总资产增长率	正相关
张兆国等（2013）	内容分析法 社会责任综合评价指数	剔除盈余管理后的总资产息税前利润率	正相关（滞后一期） 无关（当期、滞后两期）
杨皖苏、杨善林（2016）	内容分析法 （对政府、员工、股东、顾客、债权人、供应商、公益的社会责任）	短期财务绩效： 净资产收益率、营业利润率、流动资产净利润率；流动比率、速动比率、现金比率；流动资产周转率、存货周转率、应收账款周转率 长期财务绩效：Tobin's Q 值	正相关（大型企业） 负相关（中小型企业）

基于利益相关者理论的社会影响假说认为企业社会责任对财务绩效产生正向影响，企业履行社会责任能够增强利益相关者的信任感，提高经营效率进而带来更好的财务绩效。国外学者 Preston 和 O' Bannon（1997）利用美国 67 家大型公司 1982 ~ 1992 年的数据进行实证检验，结果表明 CSR 与财务绩效之间存在着很强的正相关关系；Ruf 和 Muralidhar（2001）的研究发现，CSR 变动不仅与企业当期财务绩效呈正相关，与后期的财务绩效也存在正相关关系，这一结果说明企业承担社会责任既能提高短期绩效也有利于长期发展。对此，我国学者得出的结论是不一致的，他们从利益相关者的本质出发，采用资本形态分类法从货币资本、人力资本、社会资本和生态资本这四类利益相关者角度来衡量 CSR，发现从长期看，CSR 和财务绩效之间呈正相关关系；而在短期内两者之间却呈负相关关系（温素彬、方苑，2008）。田虹（2009）对中国通信行业上市公司的经验数据进行分析，指出 CSR 指数与企业成长性、市场竞争力、企业利润呈现显著的正相关关系，即企业承担社会责任会有助于扩大规模、提升市场竞争力并增加利润，是企业成长与发展的有效推动力。

以 Friedman 为代表的权衡假说的观点则认为由于资源有限，企业无法满足所有利益相关者的全部利益，这就要求它在不同利益相关者之间进行权衡，致使成本增加从而影响企业的最优生产决策，降低财务绩效，因此企业社会责任与财务绩效呈负相关关系。李正（2006）以我国上海证券交易所 2003 年 521 家上市公司为样本进行研究，发现从当期来看，承担社会责任对企业的发展而言更多是一种负担，会使企业价值降低。而 Mcwillians 和 Siegel（2001）通过回归模型检验发现企业社会责任与财务绩效之间的相关性并不显著。

此外，可持续发展理论的研究学者指出社会责任与企业绩效之间是一种“U”形曲线关系，部分学者对其做了更细致的实证考察。王怀明和宋涛（2007）将 CSR 评价指标划分为国家、投资者、员工和慈善事业四个层次，得出结论如下：企业承担对国家、投资者和公益事业的社会责任能够提高企业绩效，而对员工承担过多的社会责任反而使企业绩效降低。杨皖苏和杨善林（2016）分别实证检验了大型企业和中小型企业承担社会责任对企业短期财务绩效和长期财务绩效的影响，结果表明：企业承担社会责任不会对短期财务绩效产生显著影响，这是由于其对盈利能力和偿债能力产生的积极影响能够弥补对运营能力产生的消极影响；但在长期财务绩效方面的表现存在差异，大型企业表现为正效应，中小型企业则多表现为负效应。

总之，对于企业社会责任与企业绩效的关系，国内外学者展开了积极的探索和研究。由于样本差异、产业特性或者衡量指标的不同，得到的结论也有所差异。

2.3 公司治理理论

2002年安然、世通等会计“丑闻”爆发后，经济学家Rajan和Zingales曾给出“即使在最先进的市场经济里，在改善公司治理方面依然大有可为”的评论，由于大股东一股独大的绝对控制地位而导致倒闭的包商银行、2015年万科“股权之争”、2018年康美药业“财务造假”等事件更映射出企业内部治理机制的不健全，使公司治理问题一度成为公共流行话题。

2.3.1 公司治理内涵

20世纪80年代以来，公司治理（Corporate Governance）逐渐成为国内外学术界和业界共同关注的一个全球性课题，涌现出丰富的理论研究成果和具有重要实践指导意义的公司治理准则。但迄今为止，国内外学者对于公司治理的内涵仍然莫衷一是（见表2.5）。

经济学家对公司治理定义主要持制度学说观点。Myer（1994）认为公司治理是由于市场经济中公司组织形式的变化，即所有权与控制权相分离而产生的，体现的是一种为投资者利益服务的组织安排。钱颖一（1995）认为，公司治理结构即是用以协调投资者、经理人和员工关系的一套制度安排，其包括控制权的分配和使用，对董事会、管理者和员工行为的监督和评价以及激励机制的设计和实施；在某种意义上，公司治理结构与企业所有权相互联系，“公司治理结构是企业所有权安排的具体表现，企业所有权则是公司治理结构的抽象概括形式”。

表 2.5　公司治理的内涵

作者与时间	定义
Myer（1994）	公司治理是由于市场经济中公司组织形式的变化，即所有权与控制权相分离而产生的，体现的是一种为投资者利益服务的组织安排
吴敬琏（1994）	公司治理结构可看作一种建立在股东、董事会和高级管理人员之间的利益制衡机制
钱颖一（1995）	公司治理结构即是用以协调投资者、经理人和员工关系的一套制度安排，其包括控制权的分配和使用，对董事会、管理者和员工行为的监督和评价以及激励机制的设计和实施
张维迎（1996）	公司治理结构是企业所有权安排的具体表现，企业所有权则是公司治理结构的抽象概括形式
奥利弗·哈特（1996）	公司治理结构在代理关系存在且合约不完全的情况下尤为重要，它被视为一个决策机制，决定了初始合约中没有明确设定的权利将如何使用
李维安（2009）	公司治理是用以协调公司和所有利益相关者关系的一种制度安排，包括正式或非正式的、内部或外部的，其有助于实现决策的科学化，从而保证各利益相关者的利益最大化
朱长春（2014）	广义的公司治理是关于如何安排企业权力的一门科学，而狭义的公司治理体现的是如何向职业经理人有效授权并对其行为进行监督的一门艺术

管理学家通常从企业决策与利益关系的视角对公司治理进行定义。奥利弗·哈特（1996）指出公司治理结构在代理关系存在且合约不完全的情况下尤为重要，它被视为一个决策机制，决定了初始合约中没有明确设

定的权利将如何使用。同时，它也可看作一种建立在股东、董事会和高级管理人员之间的利益制衡机制（吴敬琏，1994）。而从利益相关者角度出发，“公司治理是用以协调公司和所有利益相关者关系的一种制度安排，包括正式或非正式的、内部或外部的。完善的治理结构有助于公司实现决策的科学化，从而保证各利益相关者的利益最大化”。

此外，学者朱长春（2014）在《公司治理标准》一书中对公司治理定义作了更形象的阐述，将企业比作一个人，公司治理结构表现为企业的“神经系统”，科学合理的治理结构是保证企业有效运营的基本条件。广义地讲，公司治理是关于如何安排企业权力的一门科学，而狭义的公司治理体现的是如何向职业经理人有效授权并对其行为进行监督的一门艺术。他还指出，股东作为企业的所有者但不参与日常经营管理，于是出现了所有权与经营权分离，由此企业相对应地设立董事会、监事会和经理层；“公司治理结构则是围绕这三者利益产生的‘三权分立’制度，以实现企业决策权、行政权和监督权的相互制衡”。

综上所述，公司治理是一个多角度、多层次的概念，其本质是通过各种制度或机制协调和维护公司所有利益相关者之间的关系，对内表现为股东、董事、监事和经理层的权力制衡关系，对外表现为债权人、雇员、政府和社区等利益相关者的利益平衡关系，在保证各方利益最大化的基础上实现公司价值最大化。

2.3.2　理论演进过程

对公司治理主体的界定是公司治理研究的关键内容，其贯穿于公司治理理论发展的全过程。根据公司治理主体的演变路径，现代企业公司治理理论经历了从股东单边治理到利益相关者共同治理，再到核心利益相关者治理的演进过程。

2.3.2.1　股东单边治理：委托代理理论

现代公司所有权与控制权的两权分离是治理问题产生的重要根源，由此出现了委托－代理关系。它体现的是一种契约关系，即一个或多个人

（委托人）雇用另一个人或多个人（代理人）去完成一些工作，包括授权他们行使若干决策权（迈克尔·詹森、威廉·梅克林，2006）。企业中的委托－代理关系主要包括三层次：一是股东大会与董事会之间，股东大会不直接参与决策，而是将决策权授权给董事会，即全体股东是委托人，董事会是代理人；二是董事会与高层管理者之间，董事会只负责制定一些重大决策，通过聘用高层管理者负责管理日常事务，即董事会是委托人，高层管理者是代理人；三是高层管理者与各部门经理之间，高层管理者任命各部门经理具体负责各部门的日常工作，并且赋予他们一定的权利，高层管理者是委托人，各部门经理是代理人。由于委托人与代理人双方都追求利益最大化，但各自的效用函数不一致，如股东期望企业利润最大化而高层管理者追求的是工资、声誉和闲暇时间最大化，这必然导致两者的利益冲突，由此产生代理问题和代理成本。因此，代理理论下的公司治理是以股东利益为中心的单边治理，从股东（委托人）角度出发研究如何降低代理成本以及采用何种方式能够在维护股东（委托人）利益的同时实现高层管理者（代理人）效用的最大化。

2.3.2.2　利益相关者共同治理：利益相关者理论

随着股权结构的变化和知识经济的发展，人力资本所拥有的知识和技能在企业经营中的地位日益提升，由此引发了人们对股东单边治理模式的质疑，在利益相关者理论的基础上产生了一种新的公司治理模式——利益相关者共同治理。该模式认为企业处于一个开放的市场环境中，利益相关者之间通过相互影响、相互作用的关系网络来共创价值、共担风险。因此，公司治理的目标不仅是股东利益的最大化，还要对各利益相关者负责，包括管理层、基层员工、供应商、债权人等利益相关者都是公司治理的主体，间接或直接地参与公司治理。

2.3.2.3　核心利益相关者治理

利益相关者共同治理虽然克服了股东单边治理的缺陷，但对利益相关者范围的界定过于宽泛，企业难以兼顾所有利益相关者的多方面利益要求，容易由于全员参与治理而陷入混乱、效率低下的困境。为解决这一问题，学者们对共同治理模式进行修正和完善，由此提出了核心利益相关者治理。该理论认为，不同质的利益相关者对企业的影响力存在明显差异，某些利益相关者能够为企业提供专用性或关键性资源，或者愿意承担企业经营的重大风险，其行为直接影响企业能否持续发展，因此在治理结构中占据主导地位。根据所提供资源的重要性和承担风险程度这两个基本条件，学者伊丹敬之（1997）提出股东与核心员工是核心利益相关者，是企业的主权者。国内学者陈宏辉和贾生华（2004）采用“多维细分法”和“米切尔评分法”进行实证研究，从主动性、重要性和紧急性三个维度上将利益相关者细分为核心利益相关者、蛰伏利益相关者和边缘利益相关者三大类，其中核心利益相关者包括股东、管理者和员工。目前，对该理论的研究仅处于初级阶段，如对核心利益相关者的评估与确定、对核心利益相关者治理的效果等关键性问题尚待进一步研究和检验。

2.3.3 公司治理研究现状

2.3.3.1 基于合法性视角下的公司治理

合法性理论最早来源于社会学领域，其核心概念由德国社会学家马克斯·韦伯于20世纪初提出，并得到了较为普遍的认可。他指出，只有当权力持有者被认为是合法的，权力才具有权威性。其后，Dowling和Preffer（1975）从组织观视角对合法性进行定义，认为组织价值体系与社会价值体系具有很强的关联性，当两者之间出现不一致时，组织的合法性将会受到威胁，由此导致企业难以实现经营目标，陷入无法生存的困境，这种差异也被称为“合法性缺口”（Sethi，1975）。Suchman（1995）则认为，人类社会在其发展过程中，形成了一定的信念、制度、规范和价值标准等，合法性则意味着企业的行为在社会体系中被认为是可行的、合适的和恰当的。

企业对合法性的追求是积极应对外部压力以提升环境适应性的重要表现，也是企业持续生存和发展的有效保障。企业在生产经营过程中面临着来自环境、社会、政府等利益相关者的“合法性”压力，这就要求企业采取必要的手段进行合法性管理，其中包括建立健全有效的治理结构。例如，加强员工的道德教育以提高企业内部社会责任意识，对积极履行社会责任的行为给予薪酬奖励以完善激励机制，健全独立董事制度以提升企业环境和社会责任披露水平等（李广宁，2011；王倩倩，2013）。

2.3.3.2 公司治理质量评价

为了更全面地评估公司治理结构的质量，有关公司治理评价的研究受到学术界和业界的广泛关注。Gompers 等（2003）从延缓敌意收购战术、投票权、董事/高管保护、其他防御措施及国家法律五个维度构建综合性的 G 指数来衡量股东权利水平；Bebchuk 等（2009）在对 G 指数深入分析的基础上构建了壕沟指数（E 指数）；Brown 和 Caylor（2006）从股权分散度、股东权利、董事会结构、董事会程序、信息披露五个维度构建了 Gov - score 指数；从 2003 年起，南开大学公司治理研究中心每年推出公司治理指数，从股东、董事会、监事会、经理层、信息披露和利益相关者六个维度构建评价体系，综合反映我国上市公司的治理现状和发展趋势。然而，并不存在衡量公司治理质量的最佳方法，良好的公司治理绩效还取决于企业所处的内外部环境，包括企业所处的行业、规模、生命周期以及与制度环境的契合程度等。

2.3.3.3 公司治理的度量

选择合理的代理变量来测度公司治理是开展关于公司治理实证研究的前提。通过实证研究文献检索，国内学者对公司治理这一变量的度量主要围绕股权结构、董事会特征、信息披露透明度等因素展开（见表 2.6）。

冯根福和温军（2008）从股权集中度、高级管理层持股、国有持股、机构持股和董事会结构五个维度考察公司治理与技术创新的关系，研究发现，经营者和机构投资者持股、独立董事制度对企业技术创新有显著的正效应，股权集中度与企业技术创新呈倒“U”形关系，而国有持股比例与企业技术创新存在负相关关系。基于此，作者进一步提出，上市公司应适当加大高管人员持股比例，降低国有股持股比例，并积极完善股权结构和

表2.6 公司治理的度量

作者与时间	研究内容	公司治理代理变量
施东晖、司徒大年（2004）	中国上市公司治理水平及对绩效影响的经验研究	控股股东行为：是否存在关联交易、是否占用公司资金、公司是否为控股股东及其关联方提供担保； 关键人的聘选、激励与约束：总经理是否由控股股东产生、董事长或总经理是否领取薪酬、董事长或总经理是否持有股份、公司是否分配过现金股利； 董事会的结构与运作：是否设有独立董事、董事长和总经理是否由一人担任、董事长或总经理是否在控股股东担任职务； 信息披露透明度：年度报告是否被注册会计师出示非标准无保留意见、是否因信息披露受到沪深交易所的公开谴责
白重恩等（2005）	中国上市公司治理结构的实证研究	CEO有无兼任董事会主席或副主席虚拟变量；五大高管人员的持股量；第一大股东持股量；外部董事的比例；第二至第十大股东持股量的集中度；是否拥有母公司虚拟变量；是否国有控股虚拟变量；关于是否在其他市场挂牌上市虚拟变量
冯根福、温军（2008）	中国上市公司治理与企业技术创新关系的实证分析	经营者剩余索取权：高级管理层持股比例； 股权集中度：前五大股东持股百分比之和； 国有持股：前十大股东国家股与国有法人持股百分比之和、是否国有控股虚拟变量； 机构持股：前十大股东机构持股百分比之和； 董事会结构：董事会中独立董事人数比例
任海云（2011）	公司治理对研发投入与企业绩效关系调节效应研究	机构投资者持股比例；国有控股；独立董事比例；董事会会议强度；经理层激励
刘银国、朱龙（2011）	公司治理与企业价值的实证研究	股权结构：第一大股东持股比例、前十大股东持股比例、流通股比例； 外部机构监管：财务报表审计意见、是否受到证监会或交易所批评； 董事会治理机制：董事长或副董事长是否兼任总经理、董事长或副董事长报酬来源、独立董事比例； 高管人员激励机制：高管人员持股数、高管薪酬总额
杨典（2013）	公司治理与企业绩效——基于中国经验的社会学分析	国家控股虚拟变量；国有股比例；上市公司行政级别；外部董事比例；CEO与董事长两职是否分设；机构投资者持股比例

独立董事制度进一步提升公司治理水平，从而提高技术创新能力。任海云（2011）指出，公司治理在企业 R&D 投入与绩效关系中发挥调节作用。有效的公司治理结构能够对代理人行为发挥良好的监督和激励作用，节约代理成本和交易费用，实现资源的最优配置，进而重新调整 R&D 活动的投入以提升企业绩效。他从机构投资者、国有控股、董事会、经理层股权激励四个维度进行检验，结果表明，企业经理人持股这一激励机制有利于解决 R&D 活动中的代理问题。

2.4 ESG 投资理论与 ESG 总体理论

2.4.1 ESG 投资理论

2004 年 6 月，中国首只以企业家为主体、以保护生态为目标的生态基金——阿拉善 SEE 生态基金成立。随着人们社会责任意识的不断强化，社会责任投资作为一种新型的投资模式，在世界范围内取得了快速发展，并逐渐成为主流的投资策略之一。因为社会责任投资与 ESG 投资高度相关，有些文献中使用 ESG 投资代替，所以本章中我们统一将其称为 ESG 投资。

2.4.1.1 ESG 投资定义

ESG 投资起源于宗教运动中的伦理投资，目前仍没有统一的定义。Cowton（1999）首先提出了伦理投资这一新的投资方法，认为其投资标准除了考虑传统的财务指标外，还包括社会目标或道德的约束，因此比单纯基于经济回报和风险的投资更为复杂。Plantiga 和 Scholtens（2001）对 ESG 投资的定义进行界定，即投资者将个人价值取向与道德标准融入投资决策过程中，不仅考虑投资者的金融需求，而且考虑投资对社会的影响。Sparkes（2002）指出，不同于伦理投资，SRI 的主要特征在于股权投资组合的构建，投资者运用社会或环境标准选择和管理投资组合以获得最优的投资回报。美国社会责任投资论坛则认为 ESG 投资是一种考虑对社会和环境产生积极或消极后果的投资过程。基于以上几种定义，ESG 投资的本质是，投资者进行投资决策时，除考虑传统财务因素外，还要考虑该投资行为可能给环境和社会带来哪些影响。它将财务收益与社会、环境及伦理问题相结合，体现的是一种具有多重维度考量的新型投资模式。与追求单一财务指标的传统投资方式相比，考察多重因素的社会责任投资方式更加灵活。社会责任投资为企业经济活动促进可持续发展提供了有效的市场机制。

2.4.1.2 理论发展历程

ESG 投资是一种立足于实现经济社会可持续发展的投资方式，但并非属于真正意义上的现代社会新理念，其发展历程可以分为以下三个阶段。

（1）ESG 投资的初步形成阶段（20 世纪 60 年代以前）。

早在 17 世纪，英国基督教中公谊教教派就开始倡导和平主义，反对任何形式的战争和暴力，同时也以这些社会准则约束教徒的投资行为，拒绝从武器和奴隶交易中获利。因此，该教派的教徒被称为人类历史上的早期道德投资者。其后，许多宗教团体都要求教徒的投资选择与宗教信仰相吻合，如伊斯兰教信徒不应投资于酒精、烟草等行业；有些团体要求避免投资博彩、武器军火行业。虽然这些投资决策仅仅是受信仰影响，并非真正意义上的社会责任投资，但其中蕴含着社会责任投资的思想。

（2）ESG 投资的快速发展阶段（20 世纪 60 ~ 90 年代）。

现代西方社会责任投资基金起源于美国社会反对民族不平等而兴起的民权运动。投资者出于善意，成立了一些基层社区投资机构，以帮助少数族裔脱离种族歧视。越战时期，许多和平主义者高涨的反战情绪也直接促使了美国第一只社会责任投资基金 Pax World Fund 的诞生，首次系统性地提出了规避性投资筛选标准。随着环境形势的日益严峻和人类教育水平的提高，环境问题也受到了社会的广泛关注。消费者在日常生活中开始抵制对环境造成不良影响的产品，“世界地球日”的设立等一系列环境保护运动进一步促进了与环保观念相一致的社会投资理念的产生，英国也推出了第一只可持续发展基金——Merlin 生态基金。

（3）ESG 投资的迅速发展阶段（20 世纪 90 年代至今）。

20 世纪 90 年代以后，随着全球经济的飞速发展，社会公平、环境保护、可持续发展等理念更加深入人心，ESG 投资开始被更多的投资者所了解并迅速蔓延。同时，各国政府也先后发布了 ESG 投资方面的法律法规，例如，2000 年英国实施的关于养老基金的新方案中要求，基金托管人必须说明在整个投资过程中对社会、环境和道德伦理因素的考虑程度。2001 年澳大利亚出台的新法案也明确规定，投资企业进行投资决策时需要考察环境、社会或道德伦理等因素并做好相关的信息披露。国家为社会责任投资的发展创造了良好的制度环境，进一步推动了全球社会责任投资实践的快速发展。近年来，三鹿奶粉、三星电池爆炸、Facebook 泄露用户隐私、大众汽车排放量造假等企业失责事件给社会带来了严重的负面影响，使投资者在投资过程中更多地关注企业承担社会责任的情况，ESG 投资将逐渐成为一种主流投资策略。

2.4.1.3　ESG 投资常用策略

投资者一般选择组合筛选、股东倡导和社区投资这三种方式或者通过组合的途径来实现 ESG 投资。

（1）组合筛选。组合筛选是目前使用最广泛的投资方式，是一种基于道德与环境准则进行判断的投资决策策略。投资者一方面按照传统程序对各企业未来的盈利能力进行评估；另一方面充分了解各企业的经营方式、企业文化或各类活动对社会产生的影响等，综合考量以确定最终的投资对象。该过程又包括消极筛选和积极筛选两种基本方式。

消极筛选是投资者将不符合社会、环境和道德标准的企业从投资组合中剔除出去，放弃投资这些企业。最初的筛选标准即宗教动机驱动的酒精、烟草、赌博和武器等行业。积极筛选是以可持续发展能力为依据，选取那些在履行社会责任方面表现出色的企业，并将其作为重要的投资对象。积极的筛选标准主要包括生态技术、绿色创新、卫生安全和医疗健康等方面。

（2）股东倡导。具有社会责任意识的股东充分发挥企业所有者的关键作用，主动与企业交涉谈判，呼吁企业勇于承担社会责任，并主动采取适当的措施来影响企业的行为，如直接与管理层沟通、提交股东决议案、代理投票、参与股东大会或直接对企业提出诉讼等，协助企业树立良好的社会形象。这意味着 ESG 投资者对投资对象的筛选方式从被动转变为主动，一定程度上标志着 ESG 理念的成熟，从边缘地位上升为主流（Sparkes and Cowton，2004）。部分学者对股东倡导的有效性进行研究。Abelson（2002）指出，只有在外部因素逐渐强化，即政府严格规范对不负责任企业的金融惩戒力度时，股东倡导才可能真正影响企业的行为。

（3）社区投资。投资者将现有资源直接投资于社区的某项计划、活动或项目，向其提供所缺乏的信贷、资金和人力资本等，例如为社区开发银行、信用社等提供资本，向那些致力于开发绿色产品或进行绿色创新的企业提供资金，为社会机构提供就业机会等。

从投资方的三种策略来看，ESG 投资方式由最初被动的组合筛选到积极主动的股东主张进而发展到社区投资，这体现了 ESG 理念逐步走向成熟的过程，也反映出企业履行社会责任的重要性日益凸显。

2.4.1.4 ESG 投资与 CSR 的关系

企业社会责任（CSR）是从企业的视角看待社会责任问题，在追求利润最大化的同时维护社区、政府、雇员等利益相关者的利益；而 ESG 投资是从投资者的角度看待社会责任问题，即在考虑投资回报这一财务指标的基础上，加入个人信仰和价值取向，选择有利于社会可持续发展的企业进行投资的行为，并希望通过该行为实现某种社会目标，如社会公平、经济发展、环境保护等。因此，CSR 与 ESG 投资之间必然存在较为紧密的联系。

（1）CSR 对 ESG 投资的影响。

随着社会的发展，越来越多的投资者在进行投资决策时，将企业的社会责任履行情况作为筛选投资对象的重要考察因素之一。毋庸置疑，可持续发展必将成为社会和企业未来的发展模式，与之相适应，ESG 投资也将势必成为未来的主流投资理念。

首先，具有良好社会责任感的企业是 ESG 投资者青睐的投资对象。ESG 投资者一般会采用组合筛选法选择投资对象，即根据自身制定的社会责任标准对企业的社会责任表现进行评价，从中筛选出在环境、社会、治理等方面表现良好的企业优先进行投资，或剔除与烟草、酒精、赌博或武器等有关的企业。一个企业的社会责任履行情况在很大程度上将决定投资者是否对其进行投资。此外，企业获得投资并非一劳永逸，还将面临一定的风险，投资者会通过实时监督企业的表现实现最优投资组合。当企业在财务或者社会责任的履行方面出现问题、不再符合标准时，投资者便会将其从投资组合中剔除出去，因此，保持良好的社会责任感是企业获得持续投资的重要保障。

其次，ESG 投资者对企业的社会责任类型具有投资偏好。不同企业根据经营性质及其所处的行业特点，具有不同的社会责任表现形式。例如从事工业生产的企业侧重于承担环境方面的社会责任，减少并治理环境污染；而从事劳动密集型行业的企业更注重其职工方面的社会责任，如薪酬待遇、工作环境等问题。基于此，ESG 投资者在进行投资决策时，由于无法考量某企业所承担的全部社会责任，会根据自己的投资偏好以及所期望达到的社会目标，选择在某些方面表现突出的企业进行投资，如许多社会责任投资基金偏好于投资注重环保、人权等问题的企业。

（2）ESG 投资对 CSR 的影响。

1）消费者的消费选择促使企业积极履行社会责任。

在信息高速流通的时代，人们可以通过电视、杂志、网络等多种途径去全方位了解任何一个感兴趣的企业以及它们所从事的基本活动。同时，各社交媒体会对企业所从事的违背道德、损害社会或环境的行为进行监督和披露。这就使具有 ESG 投资意识的消费者在选择购买产品时，会抵制那些危害社会造成企业品牌和形象受损的企业，而支持那些具有较高社会责任声誉的企业。因此，消费者的消费选择可以促使企业改善其社会责任的履行情况，积极树立良好的社会形象，进而推动社会责任的发展。

2）投资者的投资策略促使企业积极履行社会责任。

一方面，组合筛选作为ESG投资者最常用的投资策略，能够促使企业积极履行社会责任。如前所述，一个企业社会责任的履行情况将决定投资者对其是否进行投资以及是否坚持投资。因此，许多公司为了自身的长远发展，会积极履行社会责任，提高自身的社会责任感以达到投资者的投资标准。另一方面，股东倡导作为实现ESG投资的方式之一，也会督促企业积极履行社会责任。股东作为企业的所有者，企业的发展与自身利益密切相关，因此其有权对企业的日常经营管理进行监督。如果发现企业存在有悖于社会责任的行为，股东可通过直接对话、提案等方式主动与企业进行交流，督促企业作出必要的改进以更好地履行其社会责任。

总而言之，CSR与ESG投资之间的关系是相辅相成、密不可分的，一方面，CSR是社会责任投资的基础，只有更多的企业积极履行社会责任，才可能形成ESG投资市场，促进社会可持续发展；另一方面，ESG投资也通过不同方式促使企业履行CSR，具备良好社会责任感的企业才能在融资方面获得相对优势，推动自身的发展。

2.4.2 ESG总体理论

可持续发展已成为21世纪商业的主题，也是目前学术界和实践界的一个重要研究议题。企业的高速发展和外部环境持续动荡引发的“黑天鹅”事件，使企业道德、环境、公司治理等非财务因素成为不可忽视的重要风险。ESG作为一种追求长期价值增长的投资理念和企业评价标准，对公司治理、公司战略及资源分配活动产生实质性的影响，是推动资本主义市场由“利益化”向“可持续发展化”转变的重要举措，是促进经济高质量发展的抓手。

2.4.2.1 ESG理论内涵

ESG中的“E”（Environmental）指公司在环境方面的积极作为，符合现有的政策制度、关注未来影响等，主要包括能源、水等资源的投入方面以及废物污染、温室气体排放等方面；“S”（Social）指公司在社会方面的表现，主要涵盖领导力、员工、客户和社区关系等方面；“G”（Governance）主要指公司在治理结构、透明度、独立性、董事会多样性、管理层薪酬和股东权利等方面的内容。在某种意义上，ESG 可被视为对环境责任理念、社会责任理念和公司治理理念的总体概括。

无论是“E－环境”、“S－社会”还是“G－治理”因素，都是基于“企业－社会各利益相关者”的关联视角进行的界定，其本质特征是对利益相关者理论（Stakeholder Theory）更深层次的解读。早在 20 世纪 60 年代，美国通用电器的 CEO 提出高层管理者的管理责任是在股东、客户、雇员、供应商与社区的利益之间寻求最好的平衡，由此推动了利益相关者理论的诞生。Freeman（1984）将利益相关者定义为那些能够影响组织目标实现或者能够被组织目标实现所影响的人或集团，可以从多个不同维度对其进行划分，按照交易主体分为资本市场的利益相关者（股东和债权人）、产品市场的利益相关者（顾客、供应商、社区）和企业内部的利益相关者（管理者和其他员工），按照与企业利益关系程度分为直接利益相关者（员工、政府、商业伙伴）和间接利益相关者（竞争对手、所在社区、非政府组织）。

传统企业理论以股东利益为中心，强调企业经营的最终目的是最大限度地提升股东回报，即股东利益最大化。与主张“股东至上”的理论不同，利益相关者理论认为企业的生存与发展并不只依赖于资本投入，还依赖于管理者、员工、顾客、供应商、社区等利益相关者的共同投入。而且，在企业的运营过程中，所有利益相关者与出资者共同承担风险，例如，消费者承担了产品安全风险、债权人承担了债务人无法按时偿还债务的风险、社区承担了环境污染的风险等。实际上，企业是被嵌入于一个相互连接、相互依赖的利益相关者社会网络中，与企业产生重要联系的不仅包括股东，也包括债权人、员工、消费者、供应商、政府、社会大众、同行业企业，甚至是跨行业企业，综合考虑各利益相关者的利益才有利于企业的长期成功。

从这一理论视角来看，ESG 是在以往以股东利益为核心的财务信息披露基础上，向以多方利益相关者利益为核心的非财务信息披露的转变，其可以理解为对各利益相关方的综合考量，“E－环境”考量可持续发展的环境因素，“S－社会”考量与企业活动所涉及的一系列利益相关者（如员工、供应商、顾客等）的利益，“G－治理”考量企业最具话语权的股东利益。

2.4.2.2 ESG 与企业绩效

有大量研究围绕 ESG 与企业绩效间的关系展开。Friede 等（2015）综合了 2000 多项关于 ESG 与财务绩效关系的实证研究的结果，指出大约 90% 的研究发现 ESG 与财务绩效的关系是非负的（大部分为正），且随着时间的推移，这种关系是相对稳定的，这表示在一定程度上 ESG 对企业长期的财务绩效产生正面的影响。Rajesh 和 Rajendran（2020）发现在制定企业的 ESG 综合绩效评分时，环境、社会和治理三个维度的绩效贡献水平是不相上下的，意味着企业应该在他们的 ESG 问题上设定同等的优先级来获得更好的 ESG 绩效。从全球公司的实例中发现，绝大多数的企业 ESG 活动与公司效率、资产收益率（ROA）和市场价值都存在非负向的关系。在环境方面的活动，一些能够削减成本的政策，如绿色建筑政策、可持续包装、环境供应链或独立评估的采用，都与公司长期的财务绩效呈正相关关系。在社会活动方面，那些试图减少人口歧视并提供培训项目的企业往往会比同行有更好的表现。而在治理活动方面，将女性纳入董事会成员以及独立董事的存在在降低代理成本、实现股东价值最大化方面发挥着重要作用，从而帮助企业实现更好的财务业绩。

2.4.2.3 ESG 三者间的关系

此外，关于环境－社会－治理彼此之间的影响，也有众多研究关注，例如关于环境与治理之间的关系和社会与治理间的关系。在环境－治理方面，Peters 和 Romi（2014）的研究发现，公司治理机制在应对企业的环境和气候相关风险以及监控企业在碳排放计划中的参与方面发挥着关键作用。而良好的环境绩效也会使公司的 CEO 获得相应的绩效奖励（Pascual and Gomez－Mejia，2009）。在社会－治理方面，许多学者认为，企业社会责任与几种公司治理机制之间存在正相关关系。Harjoto 等（2015）采用了董事会特性的七个维度（性别、种族、年龄、外部董事资格、任期、权力和专业知识）研究了董事会成员多样性对企业社会责任绩效的影响，证明了董事会成员多元化与企业社会责任绩效的正相关关系。还有研究发现董事会中女性成员的占比与公司的慈善活动之间存在着积极的联系（Bear et al.，2010），即董事会中女性比例越高，企业社会责任披露程度越高。

第3章　ESG披露标准与评价体系

近年来，各个投资机构和投资者开始认识到环境、社会和治理因素是公司估值、风险管理甚至监管合规的重要衡量标准，纷纷将企业ESG表现纳入投资决策。评价一家企业的ESG表现需要相应的ESG评价体系。随着ESG理念的地位在全球得到进一步确立，ESG评价体系对于投资者的作用越发重要。一个ESG评价体系主要包括披露和评价两个部分。企业进行ESG信息披露通常会参照一定的披露框架和标准进行，这些框架和标准通常由非营利性国际组织负责制定，其目标是为市场提供更加准确、客观的企业ESG信息，进而使企业ESG行为更加公开化，减少企业和利益相关者之间的信息不对称。这些国际组织通常是纯粹的标准制定者，不参与对企业的打分。评价机构的作用是在企业披露信息和其他相关信息的基础上，对信息进行整理、量化和聚合，从而给出企业的ESG评价和分数。评价机构通常是营利性公司。

本章分别从披露标准、指标构建、评价方法、不同评价体系的有效性与一致性四个方面介绍世界主要的ESG评价体系。披露标准直接影响数据的采集过程，决定了数据的完整性、透明度和准确性。指标构建是ESG评价的关键步骤，指标决定了ESG评价中所应考虑的因素。评价方法关乎数据的量化过程，即数据如何转化为具体的指标。不同评价体系的有效性与一致性直接影响评估的结果，决定了评价的真实性和可靠性。第3.1节介绍GRI、ISO 26000、SASB、CDP、IIRC五个主要的披露标准。第3.2

节剖析 KLD、ASSET4、FTSE4Good、汤森路透、DJSI、MSCI IVA 和 Refinitiv 七个主流评价体系的指标构建。另外值得一提的是，近年来 ESG 评价已经从公司层面扩展到国家层面。世界银行于 2019 年发布了国家 ESG 数据，其框架和指标与公司的 ESG 评价体系相比有较大区别，在此也一并介绍。第 3.3 节分析不同评价体系下的评价方法。第 3.4 节考察主流评价体系的有效性与一致性。

3.1 ESG 披露标准

ESG 信息披露是企业对环境、社会责任和公司治理信息的披露。建立和完善 ESG 信息披露制度，是推动市场向“可持续发展化”转变的重要举措。近年来，国际上已经形成大大小小几十个信息披露体系，其中常用的主流披露体系有十个左右。分析这些主流披露标准，对 ESG 的发展与推广具有重要意义。

国际上典型的 ESG 信息披露标准包括 GRI、ISO 26000、SASB、TCFD、IIRC、CDP 等。依据毕马威（KPMG）2015 年和 2017 年发布的企业社会责任调查报告，GRI 是全球使用最为广泛的披露框架，在欧洲企业中尤其普遍。美国企业较为流行采用 SASB 标准进行一般性披露，并辅以 TCFD 标准进行气候相关问题披露。这些标准在指标体系、侧重点、主要目标、应用范围等方面各具特点。

3.1.1 GRI 标准

GRI（Global Reporting Initiative）即全球报告倡议组织，创立于 1997 年。其目标为促进投资界、企业界、监管机构等各方协商与沟通，构建一个全球广泛认可的报告框架，从而对公司在环境、社会和经济方面的表现进行评估、监控和披露。GRI 所采用的 ESG 披露框架和标准，即 GRI 标准，是由全球可持续标准委员会（Global Sustainability Standards Board）开发而成。该GRI标准是最早和当前使用最广泛的ESG披露标准。截至2020年12月，已有超过15000家企业采用GRI标准发布了超过38000份合规的披露报告（参见GRI数据库：https：//database. globalreporting. org/）。

GRI标准分为普遍标准和特定主题标准（见图3.1）。其中普遍标准包括GRI101、GRI102和GRI103，GRI101作为整个报告的基础，是使用GRI标准的起点，它阐述了GRI标准的使用方式，以及使用本标准的企业所要做出的专项声明或使用声明。GRI101适用于拟编制可持续发展报告，或拟编制经济、社会、环境专项报告的企业。GRI102是一般披露标准，阐述企业各方面情况，可供各个国家、各种类型的企业使用。GRI103涉及管理方法，它对具体主题及相关信息进行解释，并介绍不同具体主题的管理方法，以及对方法的评价和调整。该标准可供各个国家、各种类型的企业使用。GRI的特定主题标准包含GRI200、GRI300和GRI400，企业可依据需求，选择相应的标准进行披露。该部分由经济、环境和社会领域的79项指标构成（包括核心指标50项、补充指标29项），每一项指标都有相应的披露内容要求。在经济层面，经济议题标准GRI201 - GRI207涵盖9项指标，分别从经济绩效、市场形象、间接经济影响、采购、反腐败、反竞争以及税务等方面，反映企业及其利益相关者对经济产生的影响，从而反映企业对整个经济体系的可持续发展做出的贡献。在环境层面，环境议题标准GRI301 - GRI308利用30项指标，分别从原材料、能源、水和废液、生物多样性、排放量、废弃物、符合环保要求的施工项目等方面反映公司运营活动对环境产生的正面影响，从而反映其对环境体系的可持续发展做出的贡献。在社会层面，社会议题标准GRI401 - GRI419利用40项指标，分别从就业、雇佣和管理关系、职业健康与安全、培训与教育、多元化与平等原则、反歧视、结社自由与集体谈判、童工、强迫与强制劳动、安全实践、土著人民权利、人权评估、当地社区、公共政策、客户健康与安全、客户隐私等方面反映公司政策对社会产生的影响，从而反映企业对社会体制的可持续发展做出的贡献。

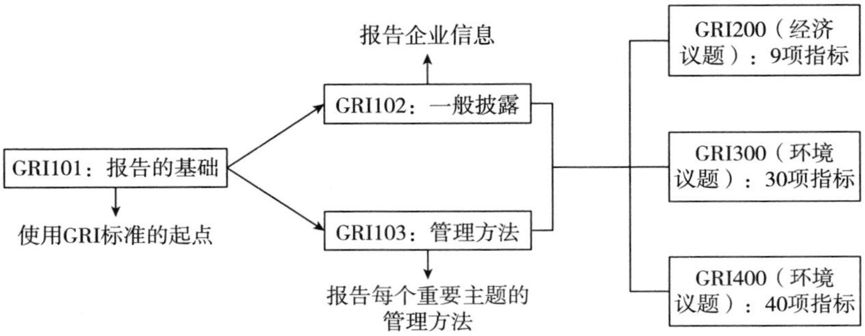

图 3.1　GRI 披露标准框架

3.1.2　ISO 26000 标准

ISO 26000 是国际标准化组织（International Standard Organization，ISO）制定的编号为 26000 的社会责任指南标准。为了回应对企业社会责任确立标准的市场需求，这套标准由工业、技术和商业部门的专家组共同制定而成。ISO 26000 为所有类型的企业提供指导，涵盖社会责任的定义、原则、背景、特点、核心问题等方面。

ISO 26000 标准列出了七个社会责任核心议题，分别是组织治理、人权、劳工实践、环境、公平运营实践、消费者问题、社会参与和发展（见图 3.2），七大项下设有 37 个核心议题和 217 个细化指标，旨在深化企业对社会责任的理解，鼓励公司在遵守法律的同时，对自身提出更高要求，并对现有社会责任相关倡议进行补充。

总体来说，ISO 26000 作为一种国际社会责任语言，一方面增强了企业对社会责任的认知，帮助他们改善与员工、客户等利益相关者的关系；另一方面为企业完善社会责任行为、实现社会绩效和促进社会可持续发展提供了指引。但是，企业需要付费认定自己是否符合这一标准，这对中小型企业来说成本较高。

内容	类别
组织治理	组织治理
• 尽职调查 • 人权风险情况 • 同谋规避 • 处理申诉 • 歧视和弱势群体 • 公民权利和政治权利 • 经济、社会和文化权利 • 工作中的基本原则和权利	人权
• 就业和雇佣关系 • 工作环境和社会保护 • 社会交流 • 工作中的健康和安全 • 工作中的人的发展与培训	劳工实践
• 污染防治 • 资源可持续利用 • 缓解和适应气候变化 • 保护环境和生态多样性及恢复自然栖息地	环境
• 反腐败 • 负责任的政治参与 • 公平竞争促进社会责任 • 促进价值链中的社会责任 • 尊重产权	公平运营实践
• 公平交易、真实无偏见的信息、公平的合同惯例 • 保护消费者健康与安全 • 可持续消费 • 消费者服务、支持、投诉及调解纠纷 • 保护消费者信息与隐私 • 基本服务获取 • 教育与认知	消费者问题
• 社区参与 • 教育和文化 • 就业机会和技能培养 • 开发和使用技术 • 创造财富与收入 • 健康 • 社会投资	社会参与和发展

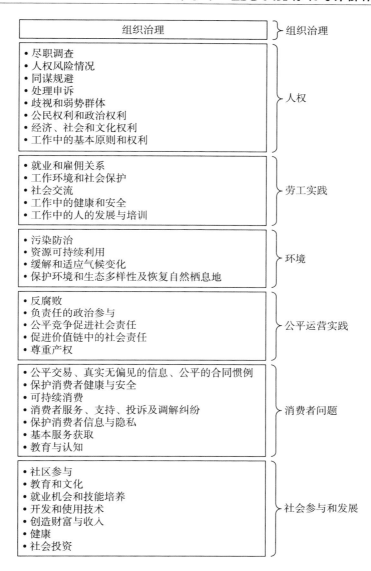

图 3.2 ISO 26000 披露标准框架

3.1.3 SASB 标准

可持续会计准则委员会（Sustainability Accounting Standards Board,

SASB)，是于2011年在美国成立的非营利性组织，创始主席为哈佛商学院的罗伯特·艾克尔斯（Robert Eccles)。该委员会的职能是为企业可持续发展制定会计准则，其命名和目标都类似于为全球企业制定财务会计准则的财务会计准则委员会（Financial Accounting Standards Board，FASB)。SASB于2018年正式发布了其披露标准。该标准采用独有的行业分类，为不同行业制定行业相关ESG议题的披露准则。该标准旨在为投资者提供有效的非财务信息，并帮助企业提高在决策和执行方面的效益。[①] 截至2020年，已有超过400家企业在公开发布的信息中使用了SASB标准：就发布的信息类型而言，大部分企业采用SASB标准发布企业可持续发展报告；就企业地理分布而言，超过一半是美国企业（参见 https://www.sasb.org/global-use/)。

SASB标准共包含六个元素，分别是：①标准应用指南：它提供了所有行业均可采纳的标准实施指导，主要包括应用范围、报告格式、时间、限制和前瞻性声明等。②行业描述：对每类标准所适用的行业进行简单描述，并对各行业可能涵盖的公司类别和业务模型作出相关假设。③可持续性主题：即信息披露主题，主要是指对公司创造长期价值有实质性影响的因素。每类行业标准包含六个信息披露主题。④可持续性会计准则：SASB标准为公司提供标准化的指标，用于衡量公司在各个可持续性主题的绩效。每类标准包括13项指标。每项会计指标，尤其是定量会计指标，需同时注明公司在提交数据时应当一并附上的关联信息，包括与战略决策、行业地位、未来发展趋势等有关的信息，以提高企业披露报告的完整性和准确性。⑤技术守则：技术守则针对各个可持续发展会计指标的定义、披露范围、会计、编制和呈现方式等，为公司提供相关指引，有利于确保同一主题下对不同公司的绩效评估的一贯性和可比性。⑥活动度量标准：SASB标准提供衡量企业业务规模的活动指标，旨在促进SASB会计

① SASB. SASB Rules of Procedure [R]. Sustainability Accounting Standards Board, 2017: 1-23.

指标的规范化。具体包括员工总数、客户数量等行业通用数据和诸如化工公司的设备产能利用率、互联网公司的交易量等特定行业数据。①

SASB 提出"可持续性"一词，旨在强调帮助企业创造长期价值的各项活动，并将这些活动按照可持续发展的五个维度进行划分，分别是环境、社会资本、人力资本、商业模式和创新、领导力和治理，从中确定了 27 个可持续发展总议题类别（GIC），具体如图 3.3 所示。

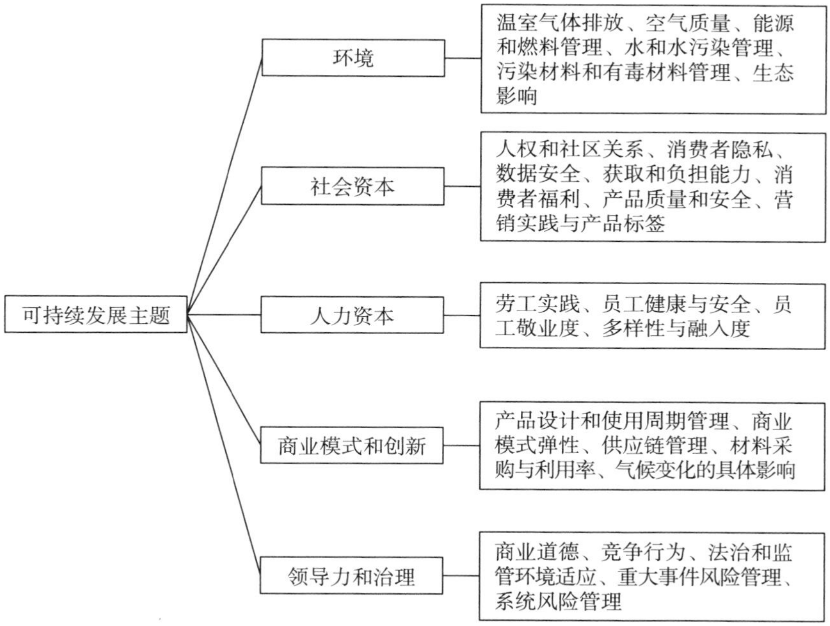

图 3.3　SASB 标准的可持续发展主题及内容

总的来说，SASB 标准是企业确定披露主题的参考指南，但它并不限制企业向投资者披露的可持续性信息。换句话说，它所关注的可持续发展问题集中在财务领域，但同时也涵盖某些非财务因素，比如商业战略等。

① SASB. SASB Conceptual Framework [R]. Sustainability Accounting Standards Board, 2017 (February): 1-25.

公司有责任根据企业经营模式、战略决策、法律法规等因素，确定与本公司财务风险和机遇相关的代表性主题，并在公开报告中进行相关信息披露。①

3.1.4 CDP 标准

碳排放信息披露项目（Carbon Disclosure Project，CDP）是由一些非营利性组织和机构投资者于 2000 年联合创立的一个机构，总部位于伦敦。该机构专注于气候、森林和水相关环境问题的自愿披露，披露的主体包括城市和企业。CDP 逐年收集相关数据并发布报告。在企业方面，每年 CDP 会向全球的代表性大型企业（包括上市和非上市企业）发放在线的结构化问卷。问卷中包含数百个问题，其中包含定量问题，如企业的范畴 1、范畴 2、范畴 3 温室气体排放和企业对于减排技术的投资；也包含定性问题，如描述企业在气候方面的风险。CDP 会依据回答，给企业打分排序。为提高披露质量，CDP 也会依据完整性和信息丰富程度给企业回答打分。严格来说，CDP 既是标准制定机构（问卷即对应其披露标准），也是评价机构（打分即是评价）和数据提供者（问卷回答即数据）。截至 2020 年，有超过 10000 个组织机构（包括企业、城市和地区）通过 CDP 披露它们的环境表现。CDP 建立并维护了涵盖企业层面气候变化应对策略的规模最大的数据库。该数据库提供最为全面和详细的全球大型企业温室气体排放管理活动的相关数据。

CDP 每年都会对其披露框架和标准进行调整。在 2020 年 CDP 标准中，气候相关披露框架如表 3.1 所示。值得一提的是，CDP 会针对企业所涉及的业务，动态生成部分问题。此外，对于各披露问题，CDP 还给出了其对应的联合国可持续发展目标，以及与其他披露标准如 TCFD 的联系。

---

① SASB. SASB Conceptual Framework [R]. Sustainability Accounting Standards Board, 2017 (February): 1 - 25.

表3.1 CDP披露框架

主题	需披露的问题
介绍	企业的基本信息；商业行为和排放的联系；企业所处行业的性质等
治理	对气候变化问题的监管；董事会的作用；管理责任的归属；在气候问题上对员工的激励政策等
风险与机会	对气候问题的管理过程；气候问题的风险披露，包括风险类型、风险强度、风险可能性等；气候问题的机会披露，包括机会类型、机会强度、机会可能性等
商业战略	气候风险与机会对企业战略和财务规划产生的影响；企业对气候变化的情景分析；当年处于运转状态的减排措施信息，包括措施的类型（建筑能效、生产能效、低碳能源、逃逸排放减少等）和措施的财务信息（投资、投资回收周期等）
目标与表现	排放目标；其他气候相关目标；甲烷排放目标；减排行动；土地管理过程；低碳产品；甲烷减排行动；温室气体泄露检测与维修；减少燃除的举措等
排放方法	基准年排放量；排放方法：用于收集和计算的方法类型、方法详情等
排放数据	温室气体年度总排放量；报告排放所采用方法；描述排放来源；范畴1、范畴2和范畴3的排放量；排放强度
排放分解	对范畴1和范畴2排放的分解，包括按气体类型分解、按部门生产活动分解、按国家地区分解等
能源	能源支出占比；能源消耗相关活动：能源消耗量；生产和消耗的能源类别等
附加指标	企业所采用的其他业务相关的气候指标；CDP依据企业所在行业提供的额外指标，例如煤炭业企业须提供储量、生产数据等
验证	企业提供其范畴1、范畴2和范畴3排放数据的验证方法和标准；企业对于气候信息披露所采取的核实方法；其他披露数据的验证方法等
碳定价	企业业务是否受到碳定价系统（主要是排放交易和碳税）的监管，并指明相关碳定价系统；企业参与碳排放交易系统的细节，如排放许可的购买量；企业参与碳税系统的细节，如受碳税影响的范畴1排放的比例；基于项目的碳信用度；碳的企业内部定价等
价值链的衔接参与	在气候相关问题上，与价值链中其他组织机构的衔接；价值链在气候问题上衔接参与的细节，如衔接的类型（信息收集、合规等）、衔接的供应商比例等；公共政策的衔接参与、企业是否参与影响气候相关公共政策的行动；企业对研究的资助；企业对于气候问题的披露渠道等

续表

主题	需披露的问题
其他土地管理影响	该问题仅适用于在特定行业（如农产品、造纸、林业等）有业务的企业；其他土地管理影响；土地管理行为等
签署	企业补充其他相关信息；企业提供签署该报告的人的信息（职位）等
供应链	供应链的基本信息；基于产品、工厂的类型等，为顾客分配排放量；对于供应链合作机会的建议等

注：依据 CDP 官网信息整理；限于篇幅，问题部分仅选取部分代表性问题加以概述。

3.1.5 IIRC 标准

国际综合报告委员会（International Integrated Reporting Council, IIRC）创始于 2010 年，“是一个由监管机构、投资者、公司、标准制定者、会计专业人士和非政府组织（NGO）组成的全球联盟”（参见《国际 IR 框架综合报告》）。针对 ESG 相关问题，IIRC 框架设置了一系列宽泛的披露指导原则，但是并未给出具体的指标和报告的格式。披露公司可在 IIRC 指导原则下，决定披露何种数据以及采用何种格式进行披露。之所以不设置具体的披露指标要求，是因为 IIRC 的“目标是在灵活性和规定之间达到适当平衡”，并且 IIRC“认可在各个不同机构的个体情形之间存在很大差异”（参见《国际 IR 框架综合报告》）。

作为示例，在治理方面，依据《国际 IR 框架综合报告》，IIRC 要求企业和机构报告的问题包括：

• 机构的领导结构，包括治理层的技能和多样性（例如，背景、性别、能力和经验），以及监管要求是否会影响治理结构的设计；

• 用于制定战略决策，确立并监控机构文化的具体流程，包括面对风险的态度，以及解决诚信和道德问题的机制；

• 治理层为影响和监控机构战略方向及风险管理方法而采取的特别行动机构的文化、道德和价值观如何体现于机构；

• 对资本的使用和影响，包括机构与关键利益相关者之间的关系；

- 在治理方面，机构是否实施超过法律要求的做法；
- 治理层为推进和助力创新所承担的责任。

显然，以上IIRC给出的问题都是指导性的，公司在回答问题时有很大的自由裁量的空间。因此，IIRC基于宽泛的指导原则构建的披露架构具有良好的灵活性，可容纳各种类型的公司。但是也应注意，由于缺乏更进一步的明确规定，不同公司基于IIRC披露的数据很可能有较大区别，这为后续数据处理带来困难，也削弱了公司间的可比性。

3.2 ESG指标构建

ESG指标是衡量公司在环境、社会、治理三个方面表现的参数，是对公司相关情况进行描述和表示的载体。学术机构、咨询公司、基金公司、评级机构和国际组织等各类主体提出了多达几十种ESG评价体系。这些评价体系着力于构建能够反映企业ESG表现的标准化指标，从而为ESG评价提供一个有序可行的组织化框架。不同的评价体系在诸多方面存在差异。

3.2.1 KLD指标结构

KLD评价体系创始于1990年，是历史最悠久的ESG评价体系之一。其名称来源于三名创始人的英文名首字母（Kinder、Lydenberg和Domini）。自推出以来，KLD体系就广受学术界关注。其指标体系如图3.4所示，由环境、社会、治理和争议行业四个维度构成。其中，环境、社会、治理三个维度下的指标分为正面指标和负面指标。正面指标反映公司应对ESG风险和捕捉ESG机会的能力，负面指标则反映公司在ESG方面的不良表现，如违反相关法律法规。环境维度包含6个正面指标，9个负面指标；社会维度包含23个正面指标，18个负面指标；治理维度包含2个正面指标和 4 个负面指标。除环境、社会、治理三维度外，还设置了 6 个争议行业指标，分别是酒精、枪支、博彩、军事、核能和烟草。如企业涉足某个争议行业，在对应的争议行业指标上就会有所反映。

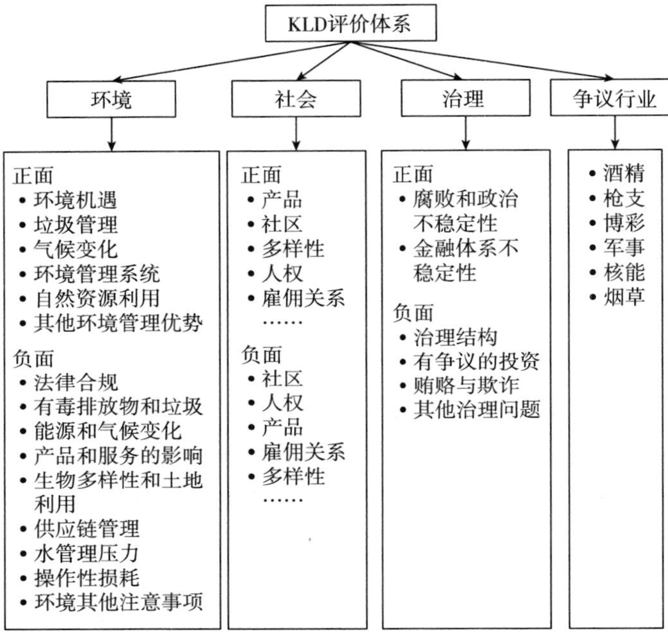

图 3.4　KLD 的 ESG 评价指标和数据框架

注：限于篇幅，本图未显示所有社会维度下的指标。在治理维度下的指标包括腐败和政治不稳定性和金融体系不稳定性。此处，“不稳定性”指公司对政治和金融体系不稳定性所导致的风险的应对能力。

（1）环境维度下，代表性的正面指标包括：①环境机遇；②垃圾管理。每一个正面指标下又设置若干子项，以从不同角度对指标进行量化。例如，环境机遇指标下辖的“清洁技术”子项，评估公司利用环境技术市场机会的能力：面对资源保护和气候变化问题，对绿色产品、服务、技术进行积极投资的公司得分将会更高。垃圾管理指标下辖的“对有毒排放物和废物的管理”子项，评估公司控制污染、处理固体废弃物、减少有毒物质排放的能力和水平：制定详细的管理计划并付诸行动的公司会得到较高的分数。代表性的负面指标包括：①水管理压力；②供应链管理。“水管理压力”指标评估公司水管理实践相关争议的严重程度。影响该指标的因素包括但不限于：是否涉及与水有关的法律案件、是否过度排放废水、对改进措施是否持抵制态度，以及非政府组织或其他第三方的批评等。“供应链管理”指标评估与公司供应链的环境影响和自然资源的采购相关争议的严重程度。影响该指标的因素包括但不限于：是否涉及与企业供应链有关的法律案件、对改进措施是否持抵制态度、非政府组织或其他第三方的批评等。

（2）社会维度下，代表性的正面指标包括：①社区；②人权。每一个指标下又可设置若干子项，以从不同角度对指标进行量化。例如，社区指标下的子项“社区参与”，关注公司是否积极开展社区参与项目。影响该子项的因素包括但不限于：社区影响力、对本地经济和社区基础设施发展的支持等。人权指标下的“人权政策和倡议”子项，评判公司在人权领域是否有突出表现：在人权问题上有较多的信息披露、表现出较高透明度的公司会得到较高的分数。代表性的负面指标同样包括：①社区；②人权。例如，影响“社区”负面指标的因素包括但不限于：企业是否与其周边社区发生了法律纠纷、企业运营是否对周边社区产生负面影响等。影响“人权”负面指标的因素包括但不限于：企业是否从事有争议性的活动、是否在开展业务的过程中对公民施暴等。

（3）治理维度下，代表性的正面指标包括：①腐败与政治不稳定性；②金融体系不稳定性。“腐败与政治不稳定性”指标旨在考察公司对暴力活动、财产毁损、政局动荡、贿赂腐败行为等引发的商业风险的应对能力：制定明确的计划、指导方针和政策以杜绝腐败交易，与当地社区建立强有力的伙伴关系，以及在信息披露和透明度方面表现良好的公司会得到较高的分数。“金融体系不稳定性”指标评估公司管理金融市场系统性风险的能力，建立强有力的治理结构和提高金融信息透明度的公司会得到较高的分数。代表性的负面指标包括：①治理结构；②贿赂与欺诈。“治理结构”指标评估公司高管薪酬和治理实践相关争议的严重程度。影响该指标的因素包括但不限于：是否涉及与薪酬有关的法律案件、股东或董事会对薪酬制度和治理结构的反对程度、对改进措施是否持抵制态度、非政府组织或其他第三方的批评等。“贿赂与欺诈”指标评估公司商业道德相关争议的严重程度。影响该指标的因素包括但不限于：是否从事违背道德的行为（如贿赂、逃税、内幕交易、会计违规）、对改进措施是否持抵制态度，以及非政府组织或其他第三方的批评等。

成立之初，KLD 评价体系覆盖 650 家美国大型企业，2003 年扩展至 3000 家美国市值最大的企业，2013 年扩展至 2600 家美国之外的企业。2010 年，全球占主导地位的指数编制公司 MSCI 通过收购获得了 KLD 相关产品与数据，随后推出了 MSCI KLD 400 社会指数。

3.2.2 ASSET4 指标结构

ASSET4 评价体系由一家瑞士金融数据公司于 2002 年推出，其数据涵盖全球 2600 多家公司。该评价体系因其透明化的数据收集过程和客观的指标量化方法而享有广泛声誉。ASSET4 评价体系旨在让投资者更全面地了解企业 ESG 方面的状况，帮助投资者做出更好的投资决策。该指标结构如图 3.5 所示，由经济、环境、社会、治理四个维度构成。四个维度下涵盖诸多一级和二级指标，一级指标共 18 个，二级指标超过 250 个。其中，经济维度包含客户忠诚度、经济表现、股东忠诚度 3 个一级指标；环境维度包含资源节约利用、减少有毒气体排放、产品创新 3 个一级指标；社会维度包含健康与安全、雇佣质量、多样性等 7 个一级指标；治理维度包含战略和组织愿景、董事会结构、薪酬政策、股东权利、董事会职能 5 个一级指标。将经济维度纳入考量范围是 ASSET4 与其他评价体系的主要区别之一。此外值得一提的是，世界顶级信息服务公司汤森路透于 2009 年收购了推出 ASSET4 的瑞士公司，随后在 ASSET4 体系的基础上开发了汤森路透评价体系（Ribando and Bonne，2010）。

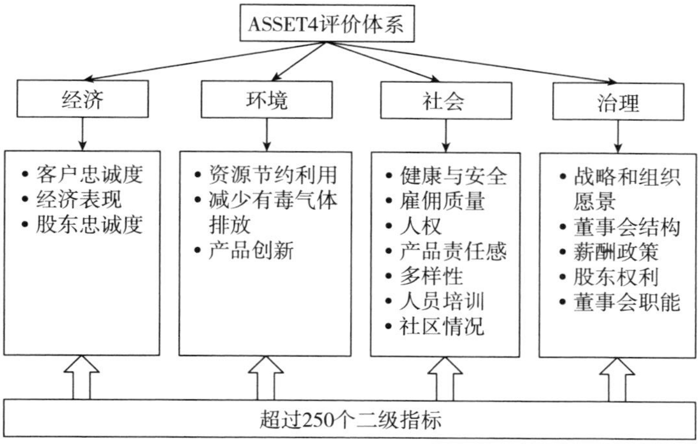

图3.5 ASSET4的ESG评价指标和数据框架

3.2.3 FTSE4Good指标结构

FTSE4Good是指数编制公司富时罗素集团在2001年推出的指数系列，是一种专为ESG投资者提供的可交易指数。FTSE4Good指数覆盖全球47个国家（包括发达国家与发展中国家）的7200多家企业，是最早创立的跨国ESG评价体系之一。① 在FTSE4Good的基础上，富时罗素又开发了针对特定地区或国家的产品，例如FTSE4Good东盟5指数、FTSE4Good马来西亚指数、FTSE4Good中国台湾指数等。这些产品系列均使用富时罗素的ESG评价体系。该评价体系如图3.6所示，由环境、社会、治理三个维度构成。三个维度下涵盖14个一级指标和300多个二级指标。其中环境维度包含生物多样性、气候变化、环境污染与资源利用、供应链、水安全5个一级指标；社会维度包含客户责任、健康安全、社会与人权、劳工标准、供应链问题5个一级指标；治理维度包括反腐败、公司治理结构、风险应对与处理、税务透明度4个一级指标。②

① Ftserussell. FTSE4Good Index Series [R]. FTSE Russell, 2014: 1-6.

② Russell F. ESG Ratings and data model [R]. FTSE Russell, 2018: 1-5.

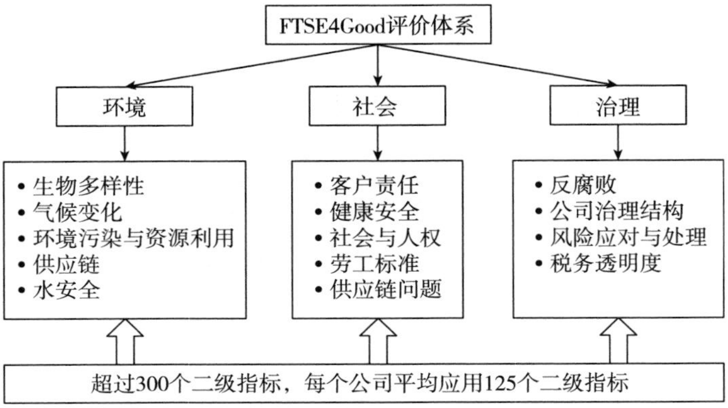

图 3.6　FTSE4Good 的 ESG 评价指标和数据框架

3.2.4　汤森路透指标结构

汤森路透（Thomson Reuters）是行业内最大的 ESG 数据提供商之一。截至 2002 年，它总共为 6000 多家公司收集数据，其中涉及 400 多个不同的 ESG 指标。汤森路透评级体系从 400 多个公司级 ESG 指标中，挑选出 178 个最相关的数据点，据此衡量公司可持续发展表现和影响。[①] 其指标体系（见图 3.7）是在 ASSET4 的基础上，对前者加以改进和提升形成的。它去除了 ASSET4 的经济维度及其下辖指标，削减了 ESG 三个维度中一级和二级指标的数量，并增设了 7 个一级争议指标和 23 个二级争议指标。争议指标用于评估公司 ESG 负面问题的严重程度，例如汤森路透将“知识产权争议”指标定义为媒体报道的专利和知识产权侵权数量。该体系由环境、社会、治理、争议指标四个维度构成。四个维度下涵盖 18 个一级指标和 70 多个二级指标。其中，环境维度包含资源利用、排放、创新 3 个一级指标；社会维度包含劳工、人权、社区、产品责任 4 个一级指标；治理维度包括管理、股东、企业社会责任战略 3 个一级指标；争议指

① Reuters T. Thomson Reuters ESG Scores Methodology [R]. 2002 (57): 1-5.

标维度包括劳工、股东、产品责任、社区、人权、管理、资源利用 7 个一级指标。根据公司提供的数据，汤森路透评级体系采用百分位评分法，对四个维度下的指标进行评估后，将得到的 ESG 评分和 ESG 争议评分进行加权平均，从而计算出总的 ESG 得分。ESG 争议评分，系参照公司在 23 个争议主题项下的表现，基于客观的评判标准自动计算出的公司得分。公司如果身陷丑闻，只能得到较低的争议评分，其 ESG 总分也会随之降低。

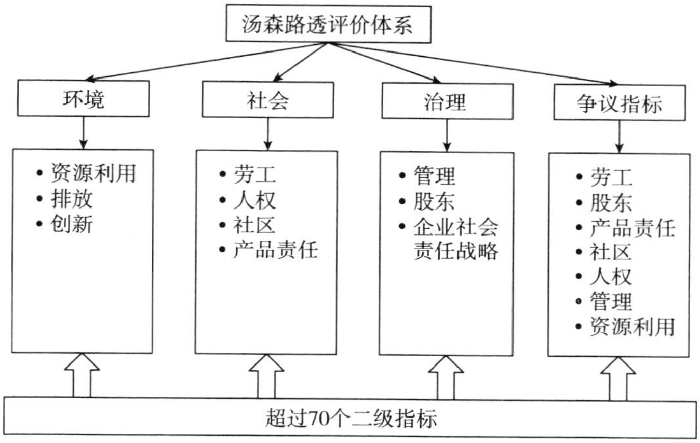

图 3.7 汤森路透的 ESG 评价指标和数据框架

环境维度下，“资源利用”指标评估公司管理供应链和材料、能源、水的使用以解决环境问题的能力。“排放”指标评估公司在生产和运营过程中减少有毒气体排放的能力。“创新”指标评估公司帮助客户减少环境成本和负担，利用环境技术、工艺和生态产品创造新的市场机会的能力。

社会维度下，“劳工”指标评估公司在提升员工工作满意度、营造健康安全的工作场所、提供平等的工作机会以及为员工创造发展机会等方面的表现。“人权”指标评估公司对基本人权公约的尊重程度。“社区”指标评估公司履行企业承诺，保护公众健康、遵守商业道德的能力。“产品责任”指标评估公司在保障客户的健康和安全、秉持诚实、保护数据隐私的同时提供优质产品和服务的能力。①

治理维度下，“管理”指标评估公司遵循最佳实践治理原则的能力。“股东”指标评估公司平等对待股东和使用反收购手段的能力。“企业社会责任战略”指标评估公司将经济（财务）、社会和环境信息整合到日常决策中的能力。

争议指标维度下，“社区”指标评估公司与媒体报道的反垄断、企业道德以及损害第三方健康安全的工业事故等事件的相关程度。“人权”指标评估公司与媒体报道的使用童工等人权事件的相关程度。“产品责任”指标评估公司与媒体报道的顾客健康安全、顾客投诉企业产品或服务等事件的相关程度。

3.2.5 DJSI 指标结构

道琼斯可持续发展指数（Dow Jones Sustainability Indices，DJSI）是 1999 年由道琼斯和 RobecoSAM 公司联合推出的用于衡量上市公司可持续发展绩效的指数。该指数是首个使用 RobecoSAM 智能 ESG 方法，将 ESG 视为一个独立的性能因素的指数家族。DJSI 指数家族包括 DJSI 全球指数如 DJSI World 和 DJSI World Enlarged，DJSI 地区指数如 DJSI Asia/Pacific 和 DJSI Europe，DJSI 国家指数如澳大利亚指数和韩国指数。DJSI 采用 RobecoSAM 公司开发的企业可持续评估模型（Corporate Sustainability Assessment）评估企业的 ESG 表现。该模型基于公司长期的经济、社会和环境资产管理计划，对公司在企业管理、风险应对、品牌维护、缓解气候变化、供应链标准制定和劳工实践等方面的表现进行评估。评估过程每年 3 月启动，9 月发布评估结果。到 2020 年，评估公司数量为 7300 家。评估结果达到一定标准的公司将入选 DJSI 指数。

DJSI 采用的 ESG 评估模型设置 80～100 个指标，包含跨行业的通用

① Reuters T. Thomson Reuters ESG Scores [J]. Thomson Reuters EIKON, 2017 (March): 1–12.

指标和行业特定指标。该模型共设置61个行业，通过同行业对比给企业打分。其指标结构如图3.8所示，由环境、社会、经济三个维度构成。和其他评价体系的一大区别是，DJSI 未设置“G”公司治理这一维度，相关指标纳入经济维度。三个维度下涵盖11个一级通用指标。其中，环境维度包含2个一级通用指标；社会维度包含人力资本开发、人才吸引与留存、劳工实践指标等5个一级通用指标；经济维度包含公司治理、风险及危机管理等4个一级通用指标。每个维度在不同行业存在诸多方面的差异，比如一级指标的类别和其要说明的具体问题、问题的个数在不同行业都是不同的。①

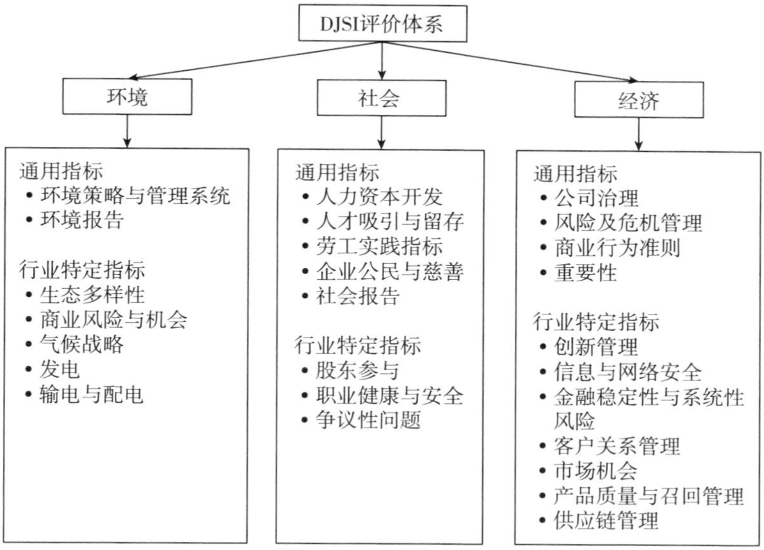

图3.8　DJSI 的 ESG 评价指标和数据框架

注：通用指标适用于所有行业，特定指标适用于部分行业。例如，“输电与配电”适用于电力公司，但不适用于银行。限于篇幅，本图仅显示部分行业特定指标。

① Robecosam. Measuring Intangibles Robecosam's Corporate Sustainability Assessment Methodology［R］. 2018.

3.2.6 MSCI IVA 指标结构

MSCI IVA（无形资产评估）是摩根士丹利资本国际公司（MSCI）的 ESG 评价系统，主要分析和研究无形资产对公司环境、社会和治理三方面的影响，提醒公司面临的潜在机会和威胁。摩根士丹利资本国际公司是投资界领先的投资工具提供商，它还向市场提供的其他产品和服务包括摩根士丹利资本国际指数、投资组合风险和业绩分析以及 ESG 数据和研究等，其目的是为客户建立有效的投资组合，帮助客户做出更好的投资决策。它的客户主要是资产管理公司、银行、对冲基金和养老基金等。其指标结构如图 3.9 所示，由环境、社会和治理三个维度构成。三个维度下涵盖 10 个一级指标和 37 个二级指标。其中，环境维度包含气候变化、自然资本、污染和浪费、环境机会 4 个一级指标；社会维度包含人力资本、产品责任、利益相关者对立、社会机会 4 个一级指标；治理维度包含公司治理和公司行为 2 个一级指标。

环境维度下，“气候变化”指标反映的具体问题包括碳排放、能源效率等。其中，“碳排放”指标评估公司在从事生产活动时减少温室气体排放和管理碳密集活动的能力，以及碳的定价对公司交易成本的影响程度。在此情况下，投资低碳技术、提高设施或产品的碳效率的公司会得到较高的分数；相反，在制定产品战略时仅满足于达到法律要求的最低标准，甚至一心关注如何影响政策制定，或试图利用监管框架之间的差异钻空子的公司，则只能得到较低的分数。[①]

3.2.7 Refinitiv 指标结构

Refinitiv（路孚特）是全球最大的金融市场数据和基础设施提供商之一，它为大约 190 个国家的 4 万多家机构提供服务，包括提供全球领先的

① MSCI. Executive Summary: Intangible Value Assessment (IVA) Methodology [J]. MSCI ESG Reseach, 2014 (December): 1-28.

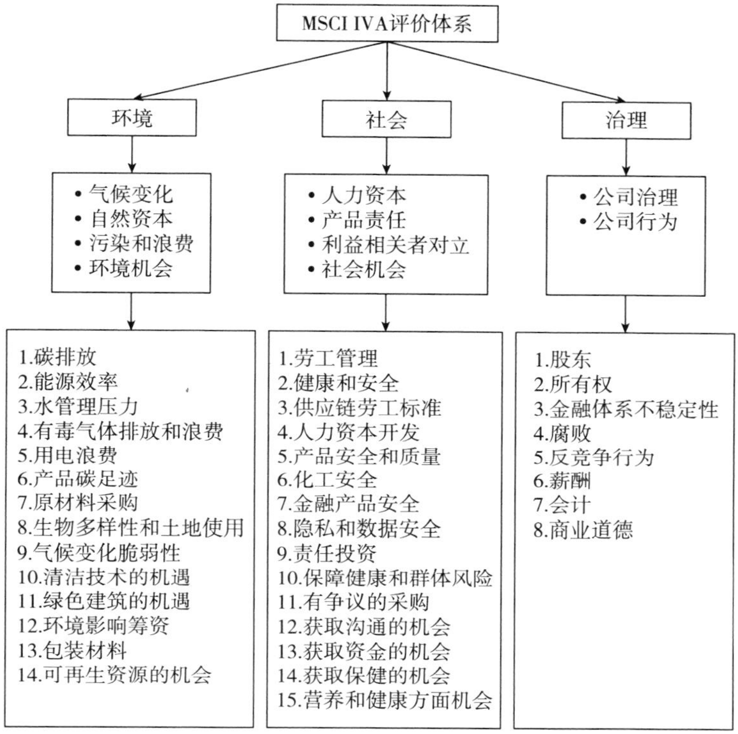

图3.9　MSCI IVA的ESG评价指标和数据框架

ESG数据、见解、交易平台、技术平台，连接全球重要的金融市场。截止到2002年，Refinitiv的ESG数据库已涵盖超过450种数据，既为市场提供一流数据，同时也是评估公司ESG表现的重要依据。其评价体系如图3.10所示，由环境、社会、治理和争议指标四个维度构成。其中，环境维度包含资源使用、排放、创新3个一级指标；社会维度包含劳动力、人权、社区、产品责任4个一级指标；治理维度包含管理、股东、企业社会责任战略3个一级指标；争议指标维度包含社区、人权、管理、产品责任、资源利用、股东、劳工7个一级指标。

环境维度下，"资源使用"指标评估公司管理供应链和材料、能源、水的使用以解决环境问题的能力。"排放"指标评估公司在生产和运营过

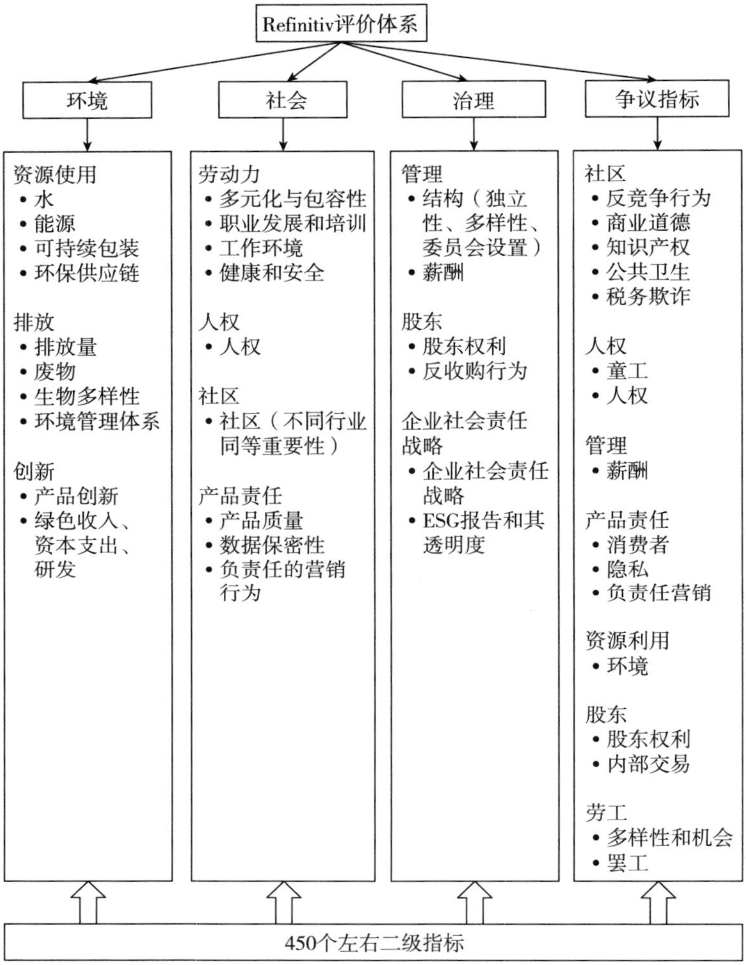

图 3.10　Refinitiv 的 ESG 评价指标和数据框架

注：限于篇幅，仅列出部分争议指标。

程中减少有毒气体排放的能力。“创新”指标评估公司帮助客户减少环境成本和负担，利用环境技术、工艺和生态产品创造新的市场机会的能力。

社会维度下，“劳动力”指标评估公司在提升员工工作满意度、营造健康安全的工作场所、提供平等的工作机会以及为员工创造发展机会等方面的表现。“人权”指标评估公司对基本人权公约的尊重程度。“社区”指标评估公司履行企业承诺、保护公众健康、遵守商业道德的能力。“产品责任”指标评估公司在保障客户的健康和安全、秉持诚实、保护数据隐私的同时提供优质产品和服务的能力。

治理维度下，“管理”指标评估公司遵循最佳实践治理原则的能力。“股东”指标评估公司平等对待股东和使用反收购手段的能力。“企业社会责任战略”指标评估公司将经济（财务）、社会和环境信息整合到日常决策中的能力。

争议指标维度下，在社区方面，“反竞争行为”指标评估公司与媒体报道的反垄断、价格垄断、回扣等事件的相关程度。“商业道德”指标评估公司与媒体报道的贿赂、腐败等事件的相关程度。“知识产权”指标评估公司与媒体报道的侵犯知识产权和专利等事件的相关程度。“公共卫生”指标评估公司与媒体报道的危害第三方健康安全等事件的相关程度。“税务欺诈”指标评估公司与媒体报道的税务欺诈、水货或洗钱有关事件的相关程度。在人权方面，“童工”指标评估公司与媒体报道的雇用童工等事件的相关程度。“人权”指标评估公司与媒体报道的人权争议的相关程度。在管理方面，“薪酬”指标评估公司与媒体报道的高管和股东薪资争议事件的相关程度。在产品责任方面，“消费者”指标评估公司与媒体报道的消费者投诉事件的相关程度。“隐私”指标评估公司与媒体报道的侵犯员工和客户隐私事件的相关程度。在资源利用方面，“环境”指标评估公司生产活动对资源环境的负面影响程度。在股东方面，“股东权利”指标评估公司与媒体报道的侵犯股东权利事件的相关程度。在劳动力方面，“罢工”指标评估公司是否存在工资纠纷和罢工事件。[①]

3.2.8 世界银行指标结构

世界银行在2019年提出了以国家为评价对象的ESG评价体系（参

① Refinitiv. Environmental, Social and Governance (ESG) Scores from Refinitiv [R]. 2020 (June).

见：https：//datatopics. worldbank. org/esg/）。该体系针对全球 192 个国家以及这些国家组成的若干实体，构建了 17 个 ESG 主题或者一级指标（对应联合国提出的 17 个可持续发展目标）以及 67 个具体的二级指标。这些指标和公司层面的 ESG 指标有较大差别，但是两者所反映的理念是相似的。世界银行给出了指标定义和指标数值，但是没有对国家进行整体打分和排序。

世界银行 ESG 评价指标结构如图 3. 11 所示。该体系结构和公司 ESG 评价体系类似，由环境、社会、治理三个维度构成。其中，环境维度包含排放和污染、自然资本禀赋和管理、能源使用与安全问题等 5 个一级指标；社会维度包含教育和基本技能、就业、人口等 6 个一级指标；治理维度包含人权、政府效率、稳定和法治等 6 个一级指标。每个一级指标下都设有若干具体二级指标。

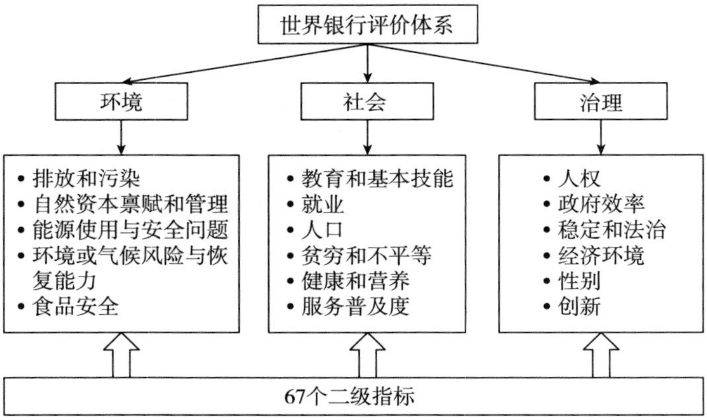

图 3. 11　世界银行的国家 ESG 评价指标和数据框架

在环境维度下，排放和污染主题下的具体指标包括二氧化碳排放量、甲烷排放量、一氧化二氮排放量、PM2. 5 空气污染程度（以年均污染暴露量计算）。自然资本禀赋和管理主题下的具体指标包括森林覆盖率、陆地和海洋保护区面积占比、淡水年抽取量、在减少森林净耗竭量和自然资源消耗量方面的表现、濒危哺乳动物种类等。能源使用与安全问题主题下的具体指标包括燃煤发电量的占比、能源进口净额、能源使用量、化石燃料消耗量、可再生能源发电量、可再生能源消耗量等。环境或气候风险与恢复能力主题下的具体指标包括制冷降温度日数（Cooling Degree Days）、人口密度、热指数、平均干旱指数等。食品安全主题下的具体指标是农业用地面积、粮食生产指数、农林渔业在总 GDP 中的占比等。

在社会维度下，教育和基本技能主题下的具体指标是小学入学率、政府在教育方面的支出占比、成年人识字率。就业主题下的具体指标是童工数量占比、失业率、劳动力就业率。人口主题下的具体指标是生育率、预期寿命、65 岁以上老龄人口占比。贫穷和不平等主题下的具体指标是贫穷人口比率（国家贫困线以下人口的百分比）、人均消费或收入年增长率、基尼指数等。健康和营养主题下的具体指标包括传染病、孕产妇不良状况、营养不良导致的死亡占比、5 岁以下儿童的死亡率、营养不良率、医院床位（每千人）等。服务普及度主题下的具体指标包括通电率、接受安全管理的饮用水服务的人口比例、接受安全管理的卫生服务的人口比例、使用清洁烹饪燃料和技术的人口比例。

在治理维度下，人权主题下的具体指标是法定权利指数、话语权和问责制。政府效率主题下的具体指标是政府有效性、监管质量。稳定和法治主题下的具体指标是打击腐败、净移民数、政治稳定性（无暴力和恐怖主义行为）、法治力度。经济环境主题下的具体指标是国内生产总值增长率、互联网普及率、营商环境指数。性别主题下的具体指标是国会女性议员比例、男女就业人口比率、中小学阶段性别平等指数、避孕需求未得到满足的女性人数占比。创新主题下的具体指标是科研期刊文章数目、专利申请量、科研支出。

世界银行通过联合国、《国家统计年鉴》等数据源评估国家在相关指标下的表现，并通过其网站发布了所有数据和数据来源。与 MSCI、Morningstar 等公司提供的国家 ESG 评价相比，世界银行的数据具有最高的透明度。但同时我们也注意到，在某些指标上，世界银行数据的缺失问题比较严重，甚至有超过一半的国家没有数据。

3.3 ESG 评价方法

本节分别从指标数据收集、指标量化方法、指标加总、评价质量的控制和调整四个方面介绍上述指标体系的评价方法。指标数据收集具体介绍数据收集方法和数据来源。指标量化方法具体介绍如何测量指标，将抽象指标具体化。指标加总具体介绍分数计算方法。评价质量的控制和调整具体介绍为保证评价质量，尽可能减少误差，在前三个过程中需要采取的措施和方法。

3.3.1 指标数据收集

KLD 针对不同行业采用统一的数据收集方式。数据收集主要依赖各公司的自主披露以及相关机构公开发布的信息（如环境监管部门发布的罚款信息）（Eccles et al.，2019）。

ASSET4 收集客观且公开可查的公司 ESG 相关数据，通常针对每家公司平均收集 600 多个数据。如对数据有疑问，ASSET4 分析师团队可以和公司投资者关系办公室取得联系，获取公开数据的具体位置。典型的信息来源包括股票交易所的文件、企业社会责任报告、公司年度报告、非政府组织网站和新闻媒体等。ASSET4 同时每天扫描数万个全球新闻来源实时更新数据（Ribando and Bonne，2010）。此外，ASSET4 的部分财务数据是由汤森路透提供的。

FTSE4GoodESG 的数据考量范围限于评估期间公司公开的数据，不包含后续发布的数据信息。它的数据收集过程如下：分析师团队以公司公开提供的文件报告为依据收集信息，以确定公司在运营和 ESG 方面的风险；分析师将公司的风险与基于规则的方法进行相互参照，以确定 ESG 指标的适用性；必要时，可与公司联系，要求其提供分析所需的其他信息；分析师使用上述公开文件评估公司使用的具体指标，如果发现公司补充的信息反映出与评估更为相关的数据，则加以整合完成评估。①

汤森路透数据的来源主要有公司网站、公司年度报告、公司ESG报告、章程和行为准则。同时，汤森路透也收集全球新闻媒体所报道的ESG争议事件，这些争议数据随后会被纳入数据库进行分析。通过上述渠道收集到的数据均属于公司的公开数据。②

DJSI数据的一大特点是问卷数据。问卷数据来自RobecoSAM向公司发放的可持续发展评估问卷，每份问卷大概有80～120个问题。此外，RobecoSAM会联系公司，要求其提供各类文件，包括可持续发展报告（涉及环境、社会、治理等相关问题）、环境报告、健康和安全报告、社会报告、年度财务报告、特别报告（例如关于智力资本管理、公司治理）。DJSI也收集来自第三方的数据，包括网络新闻、媒体文章、外部利益相关者的评论。

MSCI为每家公司收集上千个数据，并将这些数据划分为35个关键领域。其中大部分数据集中在环境、社会和治理方面，只有少数几个关键问题与财务相关。MSCI将数据分为两类：第一类数据主要来自公司的自我信息披露和公司的数据报告，以及通过公开途径发布的其他公司信息，例如可持续发展报告、代理报告、年度股东大会结果等；第二类数据主要来自学术机构、非政府组织、监管机构和政府等，包括：①法规数据，例如关于召回消费者投诉产品的数据、排污罚款数据等；②资产水平数据：主要是关于矿山生产设施位置的示例数据；③新闻文章和媒体报道，例如涉及高层工作不称职的争议事件。③

---

① Ftserussell. ESG Data and Ratings Recalculation Policy and Guidelines [R]. FTSE Russell, 2020 (September): 1-9.

② Reuters T. Thomson Reuters ESG Scores Methodology [R]. 2002 (57): 1-5.

③ MSCI. ESG 101: What is ESG? [EB/OL]. MSCI, https://www.msci.com/what-is-esg, 2020-11-19.

3.3.2 指标量化方法

KLD 以公司应对行业内 ESG 挑战的能力以及对待利益相关者的态度和做法为依据，围绕“正面指标”和“负面指标”对公司进行评价。其中正面指标以 ESG 评级模型为基础，选取与 ESG 机会和风险相关的关键问题，从战略及治理、主动性和绩效三方面衡量公司管理能力。战略及治理是指通过分析管理战略，评估公司应对关键 ESG 风险和机会的组织能力和承诺水平，包括公司面对特定的风险和机遇的责任承担、政策承诺及标准承诺的力度和范围；主动性对公司提高 ESG 绩效的主动程度，以及制定目标和计划的力度和范围进行评估；绩效部分用于评估公司过去在应对特定 ESG 风险或机会时的表现。KLD 通常只对公司主要业务最重要的 4~7 个 ESG 关键问题进行评分，关键问题总分数包含两部分：管理得分和风险暴露得分。每个关键问题的分数范围是 0~10 分。[①] 最终，按照特定标准将分数折算为 0 分或 1 分。

ASSET4 采用客观的指标量化方法，将收集到的数据汇总成 278 个关键绩效指标，分类整理成四个支柱（社会、环境、经济、治理）和 18 个类别，分别是顾客忠诚度、经济表现、股东忠诚度、资源节约利用、减少有毒气体排放、产品创新、健康和安全、雇佣质量、人权、产品责任感、多样性、人员培训、社区情况等。默认情况下，该机构为每个公司的不同支柱、类别和指标赋予同等权重，并采用 z-score 标准化的方法计算指标数值，在 0~1 进行打分，0 表示公司在此方面表现很差，1 表示公司在此方面表现优秀。此外，ASSET4 允许公司根据自身需求，选取特定的数据点和关键绩效指标，从而有针对性地开展公司评估（Ribando and Bonne, 2010）。

FTSE4Good 针对公司在环境、社会、治理三个维度下的 14 个关键问题，从两方面进行考察：一是公司针对问题所采取的措施和方法；二是公

① MSCI. MSCI ESG KID Stats?：1991 -2014［R］. 2015（June）.

司对风险信息的披露程度。①

汤森路透评价体系采用自动、非人为干涉的方式赋予每个 ESG 指标不同的权重。权重的大小取决于两个因素：①指标数量。每个类别包含的指标数量是不同的，指标数量多的类别会得到更高的权重，比如包含多样性、独立性、董事会和薪酬等多种指标的管理类别将比人权等较轻的类别权重更高。②问题数量。问题的数量决定采取的措施的数目，也决定了相应的权重，问题越多，采取的措施越多，权重越大。类别的得分采用百分位等级计算法，基于以下三个基础问题计算分数：有多少公司比现在的公司更糟糕？有多少公司拥有同样的价值？有多少公司实际是有价值的？此外，不同类别有不同的计算基准：在环境和社会方面，以汤森路透行业划分（Thomson Reuter Business Classification，TRBC）为基准，对同行业的不同公司进行比较，因为同行业内此类问题的相关度更高；在治理方面，通常以国家为基准，比较同一个国家的不同公司，因为同一国家的公司在治理方面的做法往往更为一致（Reuters，2017）。上述提到的类别及其权重如表 3.2 所示。

表 3.2 汤森路透评价体系中类别的措施和权重

类别	指标	指标得分	权重（%）
环境	资源使用	20	11
	排放	22	12
	创新	19	11
社会	劳动力	29	16
	人权	8	4
	社区	14	8
	产品责任	12	7

① Russell F. ESG Ratings and Data Model [R]. FTSE Russell，2018.

续表

类别	指标	指标得分	权重（%）
治理	管理	34	19
	股东及相关利益者	12	7
	企业社会责任战略	8	4
总计		178	100

注：按照汤森路透发布的评价方法文件整理。

DJSI 的指标量化方法与其他机构有所不同。在权重方面，比起社会和环境维度，DJSI 更偏重经济维度。根据该体系赋予各个维度不同权重这一特点，RobecoSAM 公司在提供的问卷中预先给每个主题定义了一个预权重，并采用基于行业的标准进行评估。RobecoSAM 公司采用的评估标准分为两部分：一部分是对所有行业均适用的一般标准，大约占 40% ~ 50%；另一部分则是适用于特定行业的标准，行业不同，标准随之改变。换句话说，针对不同行业，问题的实际数目、标准及其相应的权重都会发生变化，但每个主题内问题的权重总和都是 100。每个维度的总权重则是该维度下各主题权重的总和。计算分数时，首先由 RobecoSAM 公司在问卷中设计出可以定性回答的问题，再由分析师通过预先定义的评估标准对每一个可持续发展问题进行评估，最终将评估结果转化为定量分数，在 0 ~ 100 的范围内对问题进行打分。问题的最终得分会受到诸多因素的影响，比如媒体和利益相关者的分析报道，由此产生的负面影响将会降低公司的标准分数。①

MSCI 采用等级评级方法，将公司 ESG 表现划分为高级（AAA、AA）、中级（A、BBB、BB）和低级（B、CCC）三个层次。② 其中高级层次的公司指的是行业内在 ESG 风险和机会方面有着卓越管理能力的公

① Robecosam. Measuring Intangibles Robecosam's Corporate Sustainability Assessment Methodology ［R］. 2018.

② MSCI. ESG 101：What is ESG？［EB/OL］. MSCI，https：//www. msci. com/what - is - esg，2020 - 11 - 19.

司；中级层次的公司指的是在管理ESG风险和机会方面无突出表现的公司；低级层次的公司指的是与同行业公司相比，管理ESG风险和机会能力较差，处于落后位置的公司。具体而言，分析师先通过定量分析模型确定行业的重大风险和机会，然后据此为行业和公司制定关键问题，每个关键问题的权重占总体评级的5%～30%。设置权重主要考虑两方面因素：①和其他行业相比，该行业对社会和环境的正面和负面影响；②预计该行业公司成功管理风险和机会的时间范围。对环境和社会影响最大并且须在两年内实现风险机会管理的行业获得最高权重；相反，对环境和社会影响最小并且须花费五年以上的时间实现风险机会管理的行业获得最低权重。以风险管理评估为例，MSCI为了评估公司是否充分管理关键的ESG风险，从风险暴露和风险管理两方面进行考察。该评级以公司细分的业务（如经营产品、具体措施等）为基础，计算风险暴露的程度，将风险暴露得分和风险管理得分相加，即为公司相关关键问题的得分。不同暴露程度对管理能力的要求也不同，ESG风险的暴露程度越高，对管理能力的要求也就越高。也就是说，具有高风险和低管理能力的公司，得分将低于具有低风险和同等管理能力的公司。同样地，对机会管理的评估也围绕机会暴露和机会管理两方面进行，机会暴露指的是基于公司当前业务和地理位置，其所能获得机会的程度；机会管理指的是公司利用机会的能力，此外公司的战略决策和历史管理表现也属于分析师的考虑范畴。

3.3.3 指标加总

KLD统计数据中的ESG绩效得分，并采用简单的二元评分模型打分：如果公司满足某一指标的评价标准，则用“1”表示；如果公司不满足某一指标的评估标准，则用“0”表示；如果公司没有进行过特定ESG指标的研究，则用“NR（未进行研究）”表示。对于正面指标，“1”表示优秀，负面指标则相反。大多数指标的标准较为模糊，需要综合评价者（通常是KLD团队成员）的主观意见才能获得评分。例如，针对“员工分红”这一正面指标，KLD规定如果企业设有分红机制并曾在近期对

“显著比例”的员工派发分红，则对该指标打 1 分，而是否达到“显著比例”则交给评价者判断。仅有少数指标的打分可凭借客观标准完成，比如在环境维度的负面指标中，以支出数额为标准，在一定时间内因为违反环境法规而在和解款、罚款上的平均支出超过 40000 美元的公司得分为 1。①

ASSET4 收集了全球 3100 家公司的定量和定性数据，将每个公司整体划分为四个主要支柱并进行打分，四个主要支柱得分的大致等权重混合后得到公司的整体评级，最后采用平均权重的方法计算整体 ESG 分数。②

FTSE4Good 指数系列会在每年 6 月和 12 月对公司进行两次实时评估。它基于自己创建的 51 个指标对公司的评分进行实时计算，公司的 ESG 整体评级分数与各个支柱和支柱项下各主题的得分和风险暴露率相关。只有 ESG 整体分数高于 3. 3 分（总分是 5 分）的公司，才属于对 ESG 风险有杰出管理能力的公司，可以被纳入该指数系列。如果这些公司在下次评分中得分低于 3. 3 分，则需要在 12 个月的期限内对企业行为进行改善，以重新达到评级标准。该评估适用于处于 ESG 风险下的各种公司。③

与采用等权重评分法的其他评级体系不同，汤森路透采用的是百分位等级评分法（不同的百分比对应从 A + 到 D - 的不同字母等级），等级具体划分方法如表 3. 3 所示。评分内容分为两大块：①根据公司提供的公共领域数据进行 ESG 评分；②ESG 争议评分，它是 ESG 评分和争议类评分的加总。争议类评分以 23 个争议主题为依据，采用自动化、基于客观标准的计算方法。该评分主要反映企业面对 ESG 争议及全球媒体报道的负面事件的风险暴露程度。通过计算 ESG 得分和争议类得分的加权平均值，得出 ESG 争议评分。在 ESG 三个维度中，每个维度的分数是其涵盖的所有指标的同等权重的总和；ESG 总分则是所有维度分数的加权平均值。

---

① MSCI. MSCI ESG KLD Stats：1991 –2014 Data Sets［R］. 2015（June）.

② James D G，Oertle M，Ohnemus A P，Steger U. The Platform for SRI and ESG Funds and Indices［R］. 2020.

③ Ftserussell. FTSE4Good Index Series［R］. FTSE Russell，2014：1 –6.

另外，标准化权重的计算还需要排除公共领域中没有可用数据的指标。公式：（具有最低价值的公司数 + 包含现有公司的同等价值公司数 ÷ 2） ÷ 有价值的公司数 = 最后分数。①

表 3.3　汤森路透的等级量表

分数范围	等级
0.0≤分数≤0.083333	D -
0.083333 < 分数≤0.166666	D
0.166666 < 分数≤0.250000	D +
0.250000 < 分数≤0.333333	C -
0.333333 < 分数≤0.416666	C
0.416666 < 分数≤0.500000	C +
0.500000 < 分数≤0.583333	B -
0.583333 < 分数≤0.666666	B
0.666666 < 分数≤0.750000	B +
0.750000 < 分数≤0.833333	A -
0.833333 < 分数≤0.916666	A
0.916666 < 分数≤1	A +

注：按照汤森路透发布的评价方法文件整理。

DJSI 的综合分数计算是一个逐步加权和分数累加的过程：首先以单个问题分数为基础，将问题分数累计和加权，得到各个指标的分数；然后将这些分数按同样方式累计和加权，得到各个维度的分数；维度分数继续累计加权，最后得到总分。公式如下：（最终得分分数）总可持续性分数 = Σ（收到的问题分数 × 问题权重 × 标准权重）。其中问题及其对应的权重因行业而异。另外需要说明一点，公司提供的支持问卷答案的文件数量会影响公司的总分。对于发生过 MSA（媒体和利益相关者分析）事件的公司，标准分数则会发生下调，具体的计算如下：

① Reuters T. Thomson Reuters ESG Scores［J］. Thomson Reuters EIKON，2017（March）：1 - 12.

未经调整的商业准则分数 × MSA 乘数计算 = 最后的商业准则分数

无 MSA 调整的 CSA（可持续发展）标准评分 × MSA 乘数计算 = 最后的标准分数

未经调整的风险与危机管理分数 × MSA 乘数计算 = 风险和危机管理的最后分数

其中 MSA 乘数用于计算“商业行为准则”和“风险与危机”相关 CSA 标准的最终得分。最终公司将会得到 0 ~ 100 不等的分数。DJSI 会将同行业公司的可持续发展总分进行比较，得分高的公司可纳入 DJSI 指数。但它的指数只包括大公司，不涵盖规模较小的公司。该数据每年更新一次。

MSCI 评级模型采用加权平均的计算方法。每个关键问题的加权平均分数取决于关键问题的分数和权重。关键问题分数是指公司在风险、机会、治理、争议事件四个方面的分数，其中对风险和机会的评估分为管理和暴露两方面，治理分为治理行为和公司管理，争议事件是指公司已经做过或即将做的对社会环境产生负面影响的事件。[①] 风险暴露在 0 ~ 10 之间进行评分，0 代表没有风险，10 表示风险很高。风险管理在 0 ~ 10 之间进行评分，0 表示未看到管理成效，10 表示管理能力较强。公司在风险方面的关键问题得分即为风险暴露得分和风险管理得分的总和。在机会方面，关键问题的得分同样在 0 ~ 10 之间。在争议事件方面，如果在过去的三年里曾发生过争议事件，公司的相应得分将会降低，进而影响整体得分。在治理方面，也采用 0 ~ 10 分制，所有公司以 10 分为基准分，根据关键指标的评估结果调整分数。综合上述四个方面分数得出关键问题的分数，分数范围仍然是 0 ~ 10 分，0 代表很差，10 代表优秀。

3.3.4 评价质量的控制和调整

KLD 的评级框架将广泛的利益相关者纳入考量范围，并且对评估中

① MSCI. ESG 101：What is ESG? ［EB/OL］. MSCI，https：//www. msci. com/what - is - esg，2020 - 11 - 19.

要考虑的争议性问题进行定义，它采用的评估方法会对有效维护环境、积极参与社会服务、生产高质量的安全有保障的产品和制定高劳动标准的公司给予更高评价（Eccles et al.，2019）。KLD 始终以公司对社会的价值为基础进行评估，并基于这一原则为社会责任投资提供参考依据，以促进投资更好地发展。KLD 的数据量化方式是绝对化的，这意味着 KLD 不将一家企业和其同行进行对比从而给出相对性的分数。它以绝对的方式评估和报告公司 ESG 方面的情况。

ASSET4 对数据质量的监控工作由专门的子公司完成。[①] ASSET4 设置了以下几个关键的质量管理环节：①数据输入检查：在数据收集工具中构建多个常规计算，以确保输入的数据在预期范围内。②质量检查规则：通过程序自动检查公司财务数据间的逻辑关系是否合理。③历史比较：ASSET4 收集了可追溯到 2001 年的系统数据，从而实现将最新收集的数据与以前获得的数据相比较。④赋予分析师充足时间：保证分析师有足够时间获得和验证收集的数据，因为信息错误的主要原因是缺乏充足的时间。⑤数据优化：ASSET4 根据市场需求修改数据框架，避免数据中不必要的复杂性。⑥监控和报告：ASSET4 持续监控数据质量，确保数据质量的一致性。⑦培训：ASSET4 所有分析师必须接受相关培训，以确保数据质量，因为分析师的水平与输入的数据质量直接相关。

FTSE4Good 从以下几个方面保证评估的质量：①在制定 ESG 标准前广泛开展市场咨询，并将该标准报由独立专家委员会批准。此外，广泛的利益相关者，包括非政府组织、政府机构、学者、投资界人士等，也参与到制定标准的工作中。②数据模型的构建以用户需求为基础，将数据分割和切块以满足每个用户的需求，同时对评估规则作出明确定义。为保证模型的准确性，机构还设立一个独立的外部委员会对此进行监督，委员会成员包括投资界、商界、非政府组织、工会和学术界的专家。③设置正式的

① James D G，Oertle M，Ohnemus A P，Steger U. The Platform for SRI and ESG Funds and Indices [R]. 2020.

反馈程序，为受评公司提供了对评估进行反馈的渠道。如果公司反馈评估中遗漏了相关数据并得到 FTSE4Good 认可，就会在下一次评估时对数据进行更新。①

汤森路透重视对评价质量的把控，主要表现在以下几个方面：①为了保证所收集数据的真实性和可靠性，汤森路透的分析师团队选择人工和算法相结合的方法进行数据收集整理。②分析师会对每一项指标进行细致的人工处理，保证信息标准化并在公司内部具有可比性。③为了保证数据质量，分析师们利用收集工具中的几百种错误检查逻辑对数据进行针对性错误检查，采用自动质量检查筛选器筛选出不合格的数据，并进行每天一次的样本审核和每周一次的数据分析汇报，最后集中对数据进行评审。④根据新闻媒体报道的 ESG 争议事件、公司年度报告、公司结构变化等因素，及时对公司重新分析和评分，确保数据库的更新频率。②

DJSI 对于评价质量的控制分为以下几个方面：①一般使用一套有明确定义的标准来评估相应公司的 ESG 表现。由于其衡量标准通常逐年更新，所以要求公司定期修改长期可持续发展计划，以保证符合标准。②对于向公司发放的问卷，RobecoSAM 公司采用限定性回答而非开放式回答的方式确保其客观性，并要求公司必须提交相应的文件来支持他们的答案。RobecoSAM 会将公司的回答与它们提供的支持文件交叉核对，核实问卷中提供的信息的准确性，并通过媒体和利益相关者的报告核实公司的管理记录。③DJSI 会对上市公司保持严格监管，及时管控可能出现的关键问题。一旦发现公司出现诸如商业纠纷、侵犯人权、裁员等严重性问题，DJSI 指数会将该公司排除在外，同时及时更新相应数据。④如发生争议事件，RobecoSAM 公司会根据事件的严重程度、媒体的报道程度和公司的危机管理程度进行进一步的分析。③

① Ftserussell. Ftse4Good Index Series ［R］. FTSE Russell，2014：1 – 6.

② Reuters T. Thomson Reuters ESG Scores ［J］. Thomson Reuters EIKON，2017（March）：1 – 12.

③ MSCI. ESG 101：What is ESG? ［EB/OL］. MSCI，https：//www. msci. com/what – is – esg，2020 – 11 – 19.

MSCI 对于评价质量的控制分为以下几个方面：①在技术保障方面，利用前沿的信息技术提高数据收集和分析的及时性和准确性，并对数据加以检查和验证；将评级、指数和分析工具有机结合，减少评价误差。②在数据质量方面，每一个评级都要由首席公司分析师确认，机构内部 200 多名 ESG 分析师组成的团队负责审查验证数据，分析关键事件的背景和趋势。③在评估的每个阶段，都有针对质量的深入审查过程，比如数据的自动化和质量检查等。④在数据来源方面，除了公司公开披露的数据以外，还会创建开放架构系统，从多方数据源收集替代数据，补充公司披露信息，在关键问题上进行数据交叉验证。⑤在受评企业方面，MSCI 会与企业合作监督信息披露质量。每天持续监控公司的争议事件，并由评级委员进行审查。若检测到报告和分数发生较大变化，分析师会对公司进行重新评估并及时更新数据。①

综上所述，在这个可持续发展的时代，随着国际投资的兴起，投资机构、投资者和金融机构资产管理者等对公司 ESG 实践的重视与日俱增。在保证评级质量的前提下，评级机构分别从指标收集、指标量化、指标加总等方面开展评价活动，鼓励公司自愿披露 ESG 相关信息，提高评估的透明度和信息的真实可用度。它们的目标都是为了更好地满足投资者的需求，给予投资者有力的支持，同时促进公司提高可持续发展能力，帮助公司更好地抓住机会与应对威胁。

3.4　不同评价体系的有效性与一致性

基于以上分析，不同评价体系具有明显的差别和共性。在指标构建

① MSCI. ESG 101：What is ESG？［EB/OL］. MSCI，https：//www. msci. com/what - is - esg，2020 - 11 - 19.

上，MSCI IVA、DJSI 和世界银行指标体系是由社会、环境和治理三个维度构成，KLD、Refinitiv、汤森路透单独地将争议事件纳入评价范围，而 ASSET4 则将经济和争议事件同时纳入评估。它们的最终目的都是全面反映公司 ESG 表现，提高投资决策效率。此外，从各维度所涉及的二级指标可以得出以下结论：环境（E）维度多聚焦于信息披露、正负环境绩效量化指标（污染物排放等）、环境负面影响等方面；社会（S）维度则聚焦于产品与消费者、多样性、企业员工和股东、信用及安全、慈善等方面；治理（G）维度聚焦于公司治理、外部监督、商业道德等方面。相较于社会和治理维度，环境维度所涉及的定量指标最多。本节评估不同评价体系的有效性和一致性。

3.4.1 评价体系的有效性

一直以来，投资者和管理者习惯于依据评级机构的评估结果做出战略决策，但却很少有人对评级的真实性进行检验。直到高评级的公司被卷入丑闻、不同机构对同一家公司得出不同的评级结果等事件的发生，评价体系的有效性和可靠性才开始受到质疑。

在本章描述的评价体系中，DJSI、ASSET4、FTSE4Good、汤森路透和 MSCI 都是基于完全客观或者相对比较客观的标准对公司进行评级。而 KLD 的评级结果则综合了评价者的主观意见。为了证明评价体系的有效性，Chatterji 和 Toffel 等学者对 KLD 的环境维度进行深入研究，考察评级者是否能够准确评估和预测公司历史和未来的环境表现，以及该体系是否能真正帮助投资者识别出对环境友好的公司。该研究得出以下三个主要结论：①KLD 环境评级能够合理地综合过去的环境表现，对公司未来的环境问题进行预测。例如，根据过去较高的污染水平，预测出公司在 KLD 的“总体环境问题”以及三个单独的 KLD 环境问题（危险废物、监管问题和大量排放）上的表现。②单一的 KLD 净环境评分（环境优势评级减去环境问题评级）和 KLD 的“总体环境问题”评级有助于预测未来的污染水平、后续的监管处罚的金额和数量，以及企业是否会报告任何重大泄漏。但是 KLD 的“总体环境优势”评级并不能预测后续的环境结果，如是否会造成污染或违反监管规定。③将 KLD 评级对未来排放和处罚的预测能力和从评级完成后到评级结果公布前的两年间公司的环境表现数据的预测能力相比较得知，KLD 评级的预测能力远远弱于滞后的数据。综上所述，KLD 无法做到最佳地聚合历史数据，具有较低的有效性，但有助于提高投资者对公司历史环境表现的重视程度。KLD 适用于针对性寻求极差环境表现公司的投资者，但对以公司生态效率为考虑标准的投资者帮助极小。以此研究为例，我们也应对其他社会评级机构进行研究，以确定他们的评价体系是否存在有效性，并敦促机构对存在的问题进行改善，提高评级质量。此外，未来的研究应该检查企业社会责任评级对积极的环境结果的预测有效性，如开发创新绿色产品（Chatterji et al.，2009）。

3.4.2 评价体系的一致性

在评价体系的有效性难以保证的情况下，评价体系之间是否存在一致性也成为了一个值得考虑的问题。换言之，不同评级机构对同一家公司的评级是否相似？为回答此问题，需比较不同评价体系的指标框架和评价结果。

Chatterji 等学者对常见的若干评价体系进行了比较。他们的研究指出，KLD 和 ASSET4 会根据产品安全性对公司进行评级，而其他评级机构则没有；ASSET4 和 DJSI 会明确考虑财务指标，而其他评级机构则没有；KLD、ASSET4 和 FTSE4Good 将公司治理作为评价公司社会责任的要素之一，而 DJSI 则没有；KLD 和汤森路透将争议事件纳入对公司 ESG 的考察，而其他评级机构则没有；尽管 KLD 和 FTSE4Good 对实质性投资有着不同的定义，但是他们均使用明确的筛选方法，将在烟草和枪支等行业中投入大量资金的公司排除在外，并筛选出与核能有关的公司，而其他评级机构则没有；在标准方面，DJSI 和 FTSE4Good 将评级按行业标准化，并将同行业的得分进行比较，而其他评级机构则没有；评论机构的地理来源会导致对环境、社会和治理三个方面的侧重出现差异，比如位于美国的

KLD 对社会领域的评分占总分数的 71%，位于欧洲的 ASSET4 对社会领域的评分只占总分的 47%，由此可知 KLD 比 ASSET4 更重视社会问题。在其他领域，比如对于与员工相关的问题，ASSET4 的重视程度则比 KLD 更高。虽然 ASSET4 和 KLD 都考虑员工的多样性、公司的社会影响力以及公司对人权的尊重，但两者对员工的健康和安全、员工培训项目以及劳动关系等方面的重视程度有明显的区别；KLD 和 FTSE4Good 将公司主动暴露的问题纳入公司总分数的计算，而其他机构则只计算支柱下的类别得分；ASSET4 采用等权重评级法，而其他评级机构则没有。Chatterji 等学者的研究指出，就评价结果而言，现在信誉较好的几大评级机构在社会领域往往缺乏一致性。该研究进一步从通约性和共同理论两方面展开分析。其中，通约性指评级机构在衡量相同问题（例如雇员安全或独立董事会）时得到相似答案的程度；共同理论是指不同评级机构对一个理论的定义达成一致。简言之，通约性是指评级机构选择对什么进行评价（评价对象），而共同理论是指评级机构对评价标准（如企业社会责任）如何定义。研究证明，对理论标准的不同定义是评价不一致的部分原因。但研究同时发现，即使调整了明显的理论差异，一致度仍然很低。这说明评估的不一致也与低通约性有关。

现实中，巨量资金会参考 ESG 评价体系给出的评估结果进行投资和分配。如果不同评价体系缺乏有效性和一致性，将会导致对公司评估不准确、诱导投资者做出错误的投资决策和资本分配不当等结果（Carnahan et al.，2010）。为了有效避免这些不良后果，评级机构本身应当对评级体系做出改进，并通过定期评估对自己的评级做出调整，通过迭代的方式提高评估的准确度。

第 4 章　ESG 的驱动因素与企业财务

ESG 是企业管理与资本投资的重要理念，强调企业可持续发展与社会责任，拓宽了以往企业唯财务绩效论的竞争与评价标准。本章以相关 ESG 的驱动因素为分析对象，将其分为企业外部与企业内部因素来进行讨论。外部因素主要讨论了宏观政策制度、资本市场环境与条件、企业的利益相关者等；内部因素包括主要行动者与相关要素两方面，主要行动者又从管理层与员工两个角度来分析，相关要素则针对企业内部对 ESG 的主动认知水平、企业成本控制，以及 ESG 如何与企业战略进行整合等问题展开讨论。本章通过外部与内部两方面的解构，从具体的驱动因素来探讨企业进行 ESG 相关行为的动因，以及 ESG 投资为企业和其利益相关者带来的影响，最后探讨 ESG 与企业财务的关联。

4.1　企业外部因素

4.1.1　政策法规

ESG 理念于 2004 年联合国正式提出后，国际社会积极响应，努力将

ESG 理念融合到企业运营与投资决策中，ESG 逐渐演化成投资领域和商业社会的重要准则之一。从企业外部 ESG 驱动因素来考虑，各国以及各部门制定的相关政策制度对于 ESG 实践起到了重要作用。自上而下的政策制度不仅能够增强企业对 ESG 概念的认知，还能正确引导企业进行 ESG 责任投资。全球范围内一系列政策制度的相继出台反映了人们对于企业与资本市场的重新定位，折射出人们对环境、社会以及治理问题的逐步重视。

为了引导企业 ESG 行为及披露相关信息，多数国家制定法律法规的时候会更细化环境（E）、社会（S）、治理（G）三大方面的准则。现阶段，全球范围内对 ESG 的硬性法律规定较少，大多数还是以指引、指南、守则一类的“软法”为主，旨在引导企业进行 ESG 责任投资和鼓励企业对 ESG 相关内容进行披露。下面将介绍几个有代表性的国家和地区的相关政策法规。

（1）欧盟。作为积极响应联合国可持续发展目标和负责任投资原则的区域性组织之一，欧盟最早表明对 ESG 的支持态度，并在 2004 年联合国发布 *Who Cares Wins* 后立刻付诸行动。为从制度保障上加快 ESG 投资在欧洲市场上的发展，欧盟开展了一系列与 ESG 相关条例法规的制定与修订工作。

2006 ~ 2017 年，为响应联合国的呼吁，欧盟从最初提倡 ESG 与企业相整合，到最后要求实现三项议题的全覆盖。2006 ~ 2010 年，欧盟推进责任投资原则（RPI），并将 ESG 与董事会、股东参与、薪酬相联系。[①]这期间，欧盟侧重对公司治理范畴内企业行为的规范，并与 ESG 相整合，以强化企业对 ESG 的认知。2014 年颁布的《非财务报告指令》首次系统地将 ESG 三要素列入法规条例的法律文件，强调环境（E）在企业发展过

① European Commission. Green Paper - Corporate Governance in Financial Institutions and Remuneration Policies [R] . 2010.

程中的重要性，并且强制要求企业披露与环境议题相关的内容。[①] 2016～2017年，欧盟明确将ESG议题纳入具体条例中，关注ESG关键指标的设定与披露，增强ESG披露信息的透明度，以实现ESG三项议题的全覆盖，促进投资公司在ESG方面的可持续发展。[②]

2019～2020年，欧盟为使ESG相关政策法规与联合国可持续发展目标（SDGs）保持一致性，进一步对法律规范进行修订。欧盟强调应明确ESG相关概念的界定，解决可持续发展相关信息披露的不一致性[③]，并从法律角度建立ESG的认知与监管共识[④]。另外，欧盟为更加靠拢SDGs的目标于2020年3月发布了《可持续金融分类方案》的最终报告。

通过上述对欧盟与ESG相关政策法规的研究，可以发现欧盟的政策法规有以下特点：第一，欧盟首要关注治理（G）在企业管理中的规范。2007年欧盟通过制定与上市公司的股东权利及其责任相关的规定，来约束其公司治理规范。第二，政策制定注重过程管理与实践优化。欧洲可持续投资论坛组织通过对资本市场进行调研，将结果反馈给欧盟政策制定者。随后，政策制定者根据反馈结果和发布的立场对ESG政策法规进行改进与完善。

（2）美国。早在20世纪70年代，美国证券交易委员会（SEC）就开始注意到环境污染对企业财务的负面影响（许晓玲等，2020）。为降低该负面影响，美国于2010年发布气候风险披露的指导方针，建议上市公司就环境问题可能带来的商业风险予以披露并警示投资者（李文、房雅，

---

① Parliament E. Directive 2014/25/EU of the European Parliament and of the Council of 26 February 2014 on procurement by entities operating in the water, energy, transport and postal services sectors and repealing Directive 2004/17/EC Text with EEA relevance [R]. 2014.

② EU. Directive (EU) 2017/828 of the European Parliament and of the Council of 17 May 2017 amending Directive 2007/36/EC as Regards the Encouragement of Long - term Shareholder Engagement [S]. Official Journal of the European Union, 2017 (March): 132.

③ EU. 2019/2088 of the European Parliament and of the Council of 27 November 2019 on Sustainability - related Disclosures in the Financial Services Sector (Text with EEA relevance) [S]. Official Journal of the European Union, 2019.

④ Securities E. Strategy on Sustainable Finance [R]. European Securities and Markets Authority, 2020 - 11 - 20.

2020）。另外，安然公司的财务造假事件让美国开始对公司治理、审计等因素进行严格的监控。

在联合国提出 SDGs 后，美国 ESG 的相关法规进入快速发展阶段。2015 年美国首次发布 ESG 的相关规定，以鼓励企业在投资决策中整合 ESG 理念。2015～2018 年，美国发布一系列参议院法案，逐渐加强环境保护在企业发展中的地位，并强化气候变化风险的管控和相关信息披露。2019 年，为使 ESG 指标更具有市场价值，纳斯达克增加对人权、强制劳工、数据安全等社会议题，使 ESG 信息披露更有利于投资人进行决策（许晓玲等，2020）。

通过上述对美国与 ESG 相关政策法规的分析可以发现，美国的政策法规有以下特点：第一，美国 ESG 政策法规的出台是从对单因素的关注开始的；第二，美国 ESG 政策法规的出台在资本市场 ESG 发展之后。随着美国 ESG 市场的发展，逐渐形成较为完整的产业链，美国 ESG 的相关法律规范也随之逐渐完善。

（3）英国。为提升资本市场信息披露透明度，推动英国 ESG 投资市场的发展，从 2006 年起英国开始重视与 ESG 相关政策法规的建设，并对旧法规进行修订。英国在 2006～2010 年颁布与 ESG 相关的法令条例均旨在强化 ESG 在企业运营中的作用，如要求企业以公司治理角度对董事职责做出规定。[①] 此后，为推动资本市场向长期可持续性的方向发展，英国以法律法规来强制要求在投资决策中整合 ESG，如 2014 年出台的《投资中介机构的受托责任》明确规定，ESG 应作为受托者责任的一部分，希望以此消除市场对受托者“不考虑 ESG”的误解。[②] 另外，英国还出台相关规定为资本市场提供高质量、易量化和公开透明的 ESG 信息[③]，如伦敦

① The UK Government. Companies Act 2006 [EB/OL]. The UK Government, https://www.legislation.gov.uk/ukpga/2006/46/contents, 2006-04-06.

② The Law Commission. Fiduciary Duties of Investment Intermediaries [S]. 2014.

③ London Stock Exchange Group. Revealing the Full Picture - Your Guide to ESG Reporting: Guidance for Issuers on the Integration of ESG into Investor Reporting and Communication [S]. 2017.

证券交易所自2016年起连续三年发布《ESG报告指南》，旨在帮助各类经济实体规范ESG信息披露；2018年英国劳动与养老金部对《职业养老金计划（投资与披露）条例》进行修订，强制要求受托者在提交的投资原则陈述中披露对ESG及气候变化等细节的考量①，进一步提升养老金投资基金中的信息披露透明度（见图4.1）。

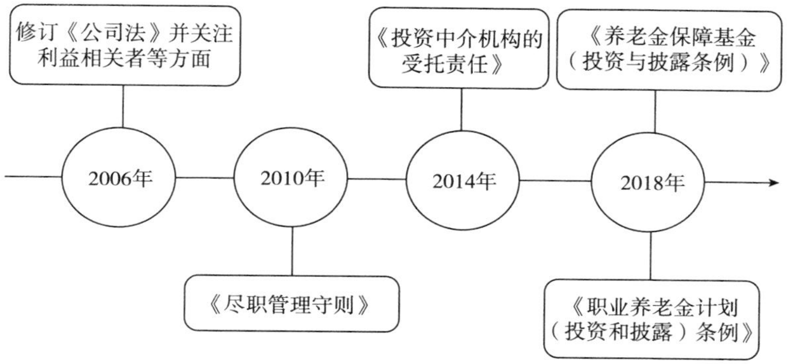

图4.1　英国的企业社会责任相关政策法规一览

根据上述对英国ESG相关法规的叙述发现，英国的政策规范具有以下特点：第一，侧重强调ESG与董事会责任的整合。《公司法》鼓励董事和投资人参与企业中与ESG相关的活动，从而帮助企业提升ESG的表现及相关信息披露的质量。第二，注重强化各市场主题的信息披露。例如《ESG报告指南》和《公司法》分别针对实体企业和大型公司提出ESG信息披露的要求。

（4）加拿大。从2010年起，加拿大开始有意识地要求市场参与者披露实质性的非财务信息，以推进加拿大可持续投资的迅速发展。2010～

① The Secretary of State for Work and Pensions. The Occupational Pension Schemes (Investment and Disclosure) (Amendment) Regulations 2018 (now the Pension Protection Fund (Pensionable Service) and Occupational Pension Schemes (Investment and Disclosure) (Amendment and Modification) Regulations 2018) [S]. 2018.

2019 年，加拿大证券管理局出台一系列指引，要求报告发行人必须披露具有实质性的环境信息、与环境事宜相关的风险与事件、环境风险监控与管理、与环境披露有关的治理结构等内容①，让投资者更加了解企业的可持续性以及与气候变化有关的机会与风险。2014 年，加拿大多伦多证券交易所发布的《环境与社会信息披露指引》指出，依据现行的加拿大证券条例规定，相关者必须披露与环境和社会议题相关的实质性内容。同年，加拿大安大略省颁布了《安大略省条例第 235/14 条》，强制规定退休金投资政策和程序声明需要包括投资决策中是否考虑 ESG 因素，以及如何纳入 ESG 因素的信息等方面。②

通过上述对加拿大与 ESG 相关政策法规的叙述发现，加拿大的政策法规有以下特点：第一，注重养老基金投资中 ESG 整合与披露。除爱德华王子岛省外，加拿大各行政辖区都由政府养老金委员会负责养老金计划的制定和监管方案，以维持其长期的可持续发展战略。③ 第二，在决策和管理的顶层设计中考虑 ESG 因素。加拿大注重在董事会、股东大会等战略层面中纳入可持续发展责任和 ESG 因素的考量，以确保投资决策的合理性和广泛性。

（5）日本。日本可持续金融如此迅猛的发展离不开政府及监管部门推动可持续发展的决心和做出的实质性引导。2011 年福岛核电站事故发生后，日本政府更是将可持续发展放到了前所未有的重要地位。根据日本可持续投资论坛数据，日本可持续投资额从 2016 年的 57 万亿日元增长到 2019 年的 336 万亿日元，在短短几年间即增长了数倍。为进一步扩大可持续发展主题基金的规模，推动可持续发展战略在日本的进程，日本政府及监管部门陆续出台相关法律法规来鼓励人们进行可持续投资管理。

日本相对其他国家 ESG 法规的研究起步较晚。2014～2020 年，日本

①② Canadian Securities Administrators. CSA Staff Notice 51 – 333 Environmental Reporting Guidance ［R］. 2010.

③ 社会价值投资联盟．研究丨全球 ESG 政策法规研究——加拿大篇［EB/OL］．http：//www.360doc.com/content/20/0710/21/68528936_923453186.shtml，2020 – 07 – 10.

制定了《日本尽职管理守则》和《日本公司治理守则》并对其进行多轮修改，以提升对 ESG 和资产管理者履行责任内容的理解。在此期间，日本金融厅对《日本尽职管理守则》的修订逐渐突出 ESG 要素在投资管理策略中的重要性。从最初加强投资者对企业 ESG 风险和业绩的检测，到加强机构投资者与被投资公司在 ESG 因素和可持续发展上对话和参与的实质性。2015 ~2018 年，《日本公司治理守则》的制定与修订逐渐强化企业从公司治理角度遵循 ESG 原则。该趋势加强了董事会职责与利益相关者的参与度，最终提高董事会在企业可持续发展战略中的引领作用。[①]

除了上述的政策外，日本还出台了其他的政策制度来促进 ESG 投资的发展。如 2017 年，为鼓励企业和投资者之间通过合作创造价值，日本经济贸易和工业部出台了《协作价值创造指南》。2020 年，日本交易所集团联合东京证券交易所发布的《ESG 披露实用手册》填补了日本在 ESG 披露指引文件上的空白。

通过上述对日本与 ESG 相关政策法规的叙述发现，日本的政策法规有以下特点：第一，政策法规引导和市场实践双轨并行。[②] 在日本，ESG 的发展一方面依靠政策法规的引导；另一方面依靠大型机构投资者的积极实践和推进，两者共同推动资本市场转向可持续发展。第二，《日本尽职管理守则》和《公司治理守则》是日本 ESG 政策法规的两大基石。日本官方机构在多次修订中逐步提升 ESG 在上述两份文件中的重要性，为日本进行可持续的金融发展打下了坚实基础。

（6）巴西。作为拉丁美洲与加勒比地区最重要的经济体之一，巴西虽拥有丰富的自然资源，但其可持续发展状态并不理想。巴西内部的长期社会动荡与经济资源依赖的畸形发展，都是其可持续发展道路上的阻碍。尤其是 2014 年巴西前总统迪尔玛·罗塞夫贪污罢免案（新华社，2017），进一步显现出可持续发展对巴西社会发展稳定的重要性。

①② 社会价值投资联盟．研究丨全球 ESG 政策法规研究——日本篇［EB/OL］．http：//www.360doc.com/content/20/0618/08/68528936_919114118.shtml，2020-06-18.

最早在20世纪五六十年代，巴西通过区域性管理方式，达到因地制宜地规划发展目的。1959 年成立的东北发展署在圣弗朗西斯科河流上建立大坝与水电站，以补充水资源。1966 年成立了亚马逊发展署，其通过“亚马逊经济复苏计划”项目来推进雨林地区的可持续发展（社会价值投资联盟，2020）。1967 年同时成立了中西部发展署和南部发展署，根据各地特色制定各部的经济发展战略以促进经济与社会协调发展。

巴西的 ESG 政策法规从生态环境入手，到近年逐步完善对社会和治理方面的引导（社会价值投资联盟，2020）。2004 ~2012 年，巴西的有关部门对需要可持续信息披露的范围与程度逐渐扩大。从矿业和能源业有义务编发可持续发展年报到现在涉及采工业、建筑、运输、保健医疗等企业均强制性对有关内容进行信息披露。2010 年，巴西成为新兴市场国家中首个正式加入并遵循负责任投资原则的交易所（社会价值投资联盟，2020）。2014 年突出对社会方面的法规制定，巴西货币委员会正式批准实施《社会和环境责任政策》来强调社会造成的风险。同时，巴西证券交易委员会颁布的第 552 条指令强制企业公示其社会与环境政策表现。2017 ~2018 年，养老基金经理被要求在风险分析中不仅考虑投资经济可持续性，还要兼顾环境、社会和治理风险的考量。此外，巴西从 2015 年起发布绿色债券、社会债券等可持续金融产品，并研发绿色金融产品与技术，为其可持续发展提供资金支持。

通过上述对巴西与 ESG 相关政策法规的叙述发现，巴西的政策法规有以下特点：第一，重点关注国际合作，提升其国际影响力。除了遵守全球契约等原则来约束其 ESG 行为外，巴西证券交易所还是首批加入联合国可持续倡议的交易所。第二，多责任体共同努力推进 ESG 发展。2006 年以来，巴西国家电力能源局、市场信息披露指导委员会、货币委员会、国家货币政策理事会与证券交易委员会等多部门共同参与制定企业非财务信息的披露范围与方式，推动实体企业、金融机构与上市公司考量其产品对每个利益相关者的社会环境影响。第三，巴西发行了多种可持续金融产品，以推动 ESG 理念的发展。

（7）俄罗斯。作为“金砖国家”之一，在企业社会责任和可持续金融领域，俄罗斯的制度体系和市场主体的行动层的发展均较缓慢。俄罗斯长期依赖资源出口来发展经济，但是资源的有限性不能让其长久发展。同时，现在俄罗斯还存在着人口少、男女比例失衡等社会问题（社会价值投资联盟，2021），故ESG等与可持续发展相关的理念在俄罗斯大范围传播是必行之举。

俄罗斯特殊的地域性质使国家对环境的关注是贯彻始终的。2002年，联邦政府颁布的《俄罗斯联邦环境保护法》奠定了国家重视生态环境的基础；2008年发布的《到2020年实现长期社会经济发展概念》强调了环境保护对其经济发展的关键性作用；2017年发布的《2025年生态和经济安全战略》显示出政府对环境挑战的关心；2018年提出的《关于国家问世气体排放和俄罗斯联邦立法法案修正案的法案草案》不仅显示出环境保护对俄罗斯战略发展的重要意义，还为俄罗斯的环境保护奠定了法律基础；2019年，莫斯科交易所与俄罗斯联邦经济发展部合作创建的可持续发展模块为环境的可持续发展提供资金支持（社会价值投资联盟，2021）。

俄罗斯在治理和社会的政策战略与气候变化和环境保护方面的政策方向具有一致性。2002年出台的《俄罗斯公司治理守则》提出了一系列对董事会治理、责任等原则与建议，但这些并没有对治理有实质性的奖惩制度；2004年通过的《社会宪章》强调了企业的社会使命，以推动ESG理念的发展；2011年以来俄罗斯鼓励企业ESG信息进行披露，但并没有强制性要求。

通过上述对俄罗斯与ESG相关政策法规的叙述发现，俄罗斯的政策法规有以下特点：第一，俄罗斯特殊的地域性质使国家对环境的关注是贯彻始终的。2002~2019年都有环境相关的政策法规颁布。第二，ESG市场发展较慢，仍处于初始阶段（社会价值投资联盟，2021）。不仅可持续金融产品单一，而且其投资者对ESG认知程度低，缺乏ESG引导性法规和奖惩机制，阻碍ESG理念的推广。第三，ESG信息披露缺乏强制性法规，受外界资本影响较大。

（8）印度。作为世界上最重要的新兴经济体之一，印度具有极高的人口密度、性别歧视、贫富差距严重的特性，使经济发展面临着环境、社会、公司治理方面的困扰（社会价值投资联盟，2021）。2020 年联合国公示的《可持续发展报告》显示出印度的整体可持续发展风险较高，故 ESG 理念在印度的传播和实践是当务之急。

印度 ESG 政策法规是由 CSR 演变而来的。最早在 2009 ~ 2010 年，印度主要强调企业的社会责任，明确企业的社会义务；2011 ~ 2012 年印度提出 ESG 概念并以强制企业披露 ESG 信息的方式推动其可持续发展；2013 年的《公司法》强制龙头企业新增 CSR 委员会；2016 年印度证券交易委员会正式发布绿色债券准则，为绿色债券的发布提供了法律准则；2018 年孟买证券交易所发布了以自愿遵守为原则的《孟买证券交易所 ESG 披露指导文件》，并以 GRI、SASB、IIRC 以及 CDP 框架为参考提供了更为现代且更全面的披露报告建议，该建议强调了 ESG 披露对投资者的重要性（社会价值投资联盟，2021）；2019 年修改后的《国家负责任商业准则》体现出印度 CSR 与国际可持续发展的融合。

通过上述对印度与 ESG 相关政策法规的叙述发现，印度的政策法规有以下特点：第一，强调龙头企业的带头作用。政府通过立法来发挥龙头企业的模范作用，提高企业 ESG 信息披露的准确性。第二，通过立法的强制性手段来推动 ESG 理念的传播。

（9）中国香港。在欧美国家 ESG 实践影响下，中国香港从 2011 年开始就对 ESG 信息披露进行探索。2012 年，香港面对上市公司首次发布《环境、社会及管治报告指引》，倡导上市公司进行 ESG 信息披露。2019 年发布的最新版，不但强化了上市公司基于董事会层面的 ESG 战略管理要求，而且提出了指标的量化考虑要求，增加了 ESG 关键绩效指标的内容，提升了信息披露时效性。[①]

2016～2020年，中国香港地区出台的相关政策文件对企业ESG的推广应用起到了积极的支持作用。2016年，香港证监会将ESG理念纳入针对投资者的《负责任的拥有权原则》中，强调了投资者对企业ESG实践的推动作用，并要求香港企业将ESG理念纳入战略层面。2018年，香港证监会发布的《绿色金融策略框架》是香港可持续金融实践的标志性行动，促进绿色金融产品的开发与交易，为香港资本市场指明了方向和机遇，奠定了香港绿色金融发展的基础。2018～2019年香港注重生态环境在香港ESG体系的作用，并为改善环境和促进香港转型为低碳经济体的项目颁布《绿色债券框架》。2020年，香港金融管理局发布《绿色及可持续银行业的共同评估框架》和《绿色及可持续银行业白皮书》，不仅为衡量银行业及相关机构在气候和环境相关风险方面的应对能力提供了标准[②]，还讨论了气候为银行业带来的机遇及风险，以及金融管理局对此的应对措施[③]。

通过上述对香港与ESG相关政策法规的分析发现，香港的政策法规有以下特点：第一，在推进ESG三大要素进展的同时，侧重董事会责任和气候变化的研究；第二，强调信息披露环节，突出强制性的量化。[④]例如最新的《ESG指引》强调上市公司披露ESG信息时须遵守“重要性”原则，还要求提供可计量的绩效指标，以便更好地评估及验证企业ESG表现。

（10）中国（不含港澳台）。中国大陆的ESG研究起步较晚，但中国绿色金融和可持续发展战略与ESG理念不谋而合。ESG相关的监管文件，早期主要集中在对环境保护的信息披露方面。如2003年原环保总局发布

①④　社会价值投资联盟CASVI. 研究丨全球ESG政策法规研究——香港篇［EB/OL］. https://zhuanlan.zhihu.com/p/153155434，2020－07－02.

②　香港金融管理局. 香港金管局公布绿色金融举措　推进绿色及可持续银行［EB/OL］. 新浪财经，https://finance.sina.com.cn/money/bank/bank_hydt/2019－05－07/doc－i，2019－05－07.

③　香港交易所. 香港交易所计划设立全新可持续及绿色交易所STAGE［EB/OL］. 华财网，http://finance.sina.com.cn/roll/2020－06－18/doc－iircuyvi9165327.shtml，2019－11－30.

的《关于企业环境信息公开的公告》与2007年首次发布的《环境信息公开办法（试行）》，这些规范强制规定环保部门与污染企业向社会公开重要环境信息，并不得以保守商业秘密为由拒绝公开[①]，为公众获取环境信息提供了制度保障。2016年，我国将绿色发展理念融入G20议题，并将“建立绿色金融体系”写入“十三五”规划，出台了系统性的绿色金融政策框架（钱龙海，2021）。在国家战略推动下，我国绿色金融的发展水平已位于世界前列。ESG包括环境、社会和治理三个维度，而绿色金融主要是环境维度，集中推动金融体系的绿色转型。因此，其不仅在金融领域发力，还形成了金融系统与实体企业互动的逻辑闭环（钱龙海，2021）。

2018～2020年，为顺应全球ESG发展浪潮，中国出台了一系列政策法规。2018年，中国证监会结合国际经验和中国国情对《上市公司治理准则》进行修订，确立ESG基本框架，并强化信息披露制度。[②] 同年，为促使被投企业关注环境绩效，完善环境信息披露[③]，以及督促企业进行绿色投资，协会发布了《绿色投资指引（试行）》。同时，中国证券投资基金业协会和国务院发展研究中心金融研究所联合发布《中国上市公司ESG评价体系研究报告》，初步形成了我国上市公司ESG评价的理论基础和指标框架，推动了我国ESG的投资相关制度环境的建设。[④] 此外，为给企业社会责任评价领域提供好的标准，2020年由中国企业评价协会发起研究提出的《中国企业社会责任评价准则（CEEA－CSR2.0）》（以下简称《准则2.0》）在北京发布。[⑤] 《准则2.0》更加注重企业的责任管理，并且考核企业的核心经营战略是否充分考虑应尽的社会责任，以维护企业

① 新华社．环保部门和污染企业将被强制向社会公开环境信息［EB/OL］．http：//www.gov.cn/jrzg/2007－04/25/content_596403.htm，2007－04－25.

② 证监会．上市公司治理准则（2018）［S］．2018：1－23.

③ 中国证券投资基金业协会．《绿色投资指引（试行）》［S］．2018.

④ 中国证券投资基金业协会，国务院发展研究中心金融研究所．中国上市公司ESG评价体系研究报告［R］．2018.

⑤ 《中国企业社会责任评价准则（CEEA－CSR2.0）》在京发布［EB/OL］．新华网，http：//www.xinhuanet.com/fortune/2020－07/30/c_1126305110.htm，2020－07－30.

的可持续发展。

通过上述对中国大陆与ESG相关政策法规的分析发现，中国大陆的政策法规有以下特点：第一，尚未有明确的、系统的披露框架和披露标准。中国要在相关国际框架和标准的基础上，还需要结合具体国情做出针对性改进。第二，强制信息披露制度尚不健全。目前，我国强制披露的ESG信息限于重点排污企业、深证100指数成份股、上海证券交易所公司治理板块的公司、在境外上市的公司以及金融板块的公司，而且披露信息还存在着标准不统一、定量数据少等问题，无法满足实际使用需要（钱龙海，2021）。第三，机构投资者数量偏少，第三方的服务机构专业水平不够。我国加入“负责任投资原则组织”的机构数量仅占该组织全球3000多家成员的1.5%左右，与我国经济金融体量在全球的地位严重不匹配（钱龙海，2021）。

由上分析，在政策制度方面，国内外对ESG的关注日趋上升。以欧美国家与个别亚太国家和地区为代表，他们都希望通过自上而下的制度建设来推进ESG理念的深化和行动的落地。从促进机制来看，一方面，大多数国家采取软性法规政策来指引企业的ESG相关披露与行为，使企业为提高声誉和形象而进行ESG披露，以此获取企业的社会合法性。另一方面，国家通过规范标准，提高企业对外披露信息的质量和公司治理水平，督促企业进行可持续发展战略，也让资本市场可持续发展有规可循。因此，相关ESG政策法规的制定不仅可以促进企业的可持续发展，还能形成企业与投资者的良性互动，最终有利于国家经济的发展与稳定。

4.1.2 资本市场

资本市场中接连发生的“黑天鹅”事件向人们警示，纯粹地追逐经济利润而忽略与之相伴而生的潜在风险会引发灾难性的后果（刘亮，2013）。资本市场是企业一切投融资活动的主要阵地，而投融资活动又对企业管理与运营的方方面面产生深刻影响。资本市场不但可以通过包括机构投资者、个人投资者在内的各类直接投资者和专业评级机构对企业ESG

表现进行评价来影响企业绩效，而且可以通过改变未来收益预期来影响企业财务绩效。

下面将分析资本市场相关参与者，主要包括资本市场行业组织与机构、个人投资者和评级机构，分别从不同参与者的角度讨论其对企业 ESG 表现的影响机制。

4.1.2.1　资本市场行业组织与机构

由于资本市场对全球经济具有举足轻重的影响，其运营往往受到证券交易所和各层级监管机构的监督与管理。作为重要的资本市场行业组织与机构，交易所与监管机构对资本市场中 ESG 投资的作用至关重要。一方面，行业组织能够通过自身影响力推动资本市场整体对 ESG 的认知。另一方面，交易所与监管机构利用自身的专业优势建立起理论与实践的桥梁，推进 ESG 披露信息的公开透明性和企业 ESG 实践。

随着 ESG 理念的不断深入人心，越来越多的行业组织开始重视对 ESG 行为和 ESG 信息披露的研究。可持续证券交易所（Sustainable Stock Exchange Initiative，SSEI）倡议的第一次全球对话于2009 年在美国纽约召开，旨在呼吁监管机构、证券交易所支持并执行 ESG 信息披露指引。截至 2018 年 10 月，78 家 SSEI 伙伴交易所中已有 47 家伙伴交易所承诺或已经发布 ESG 指引（见表4.1）。其中有 31 家伙伴交易所在市场上发行可持续发展指数，35 家伙伴交易所为上市公司、投资者等提供 ESG 相关培训（殷格非，2018），以此来强化机构成员对 ESG 行为和信息披露的认知，进而推动 ESG 在资本市场的发展。另外，行业组织还可推动 ESG 在投资决策中的运用。例如，2006 年成立的联合国负责任投资原则组织（UN PRI），要求其成员（主要为机构投资者）将 ESG 融入投资决策（周心仪，2020）。

另外，行业组织还能推动 ESG 在投资决策中的运用。2006 年，联合国在纽约证券交易所为发展更可持续的全球金融体系发布了“负责任投资原则投资”（PRI）。成立 PRI 组织主要是为机构投资者提供更好的帮助，同时要将维护各个成员机构与其经济体的长久利益作为自己的任务（周心仪，2020）。更明确的目标能使全球市场和全球企业更清晰地理解

表 4.1 SSEI 伙伴交易所 ESG 信息披露情况概览（部分）

地区	伙伴证券交易所数量	（承诺）发布 ESG 指引的伙伴交易所数量	强制上市公司发布 ESG 报告的伙伴交易所数量	开展 ESG 培训的伙伴交易所数量	提供可持续发展指数的伙伴交易所数量
北美洲	5	1	0	1	2
非洲	15	8	3	3	3
欧洲	25	13	1	15	13
亚洲	23	19	8	13	9

资料来源：国务院国资委《加强国有企业社会责任信息披露研究课题》课题组整理。

ESG 因素对投资的影响，并且鼓励市场主体在进行投资决策时整合 ESG 因素。

4.1.2.2 个人投资者

个人投资者作为资本市场的一支重要力量，其投资决策对于企业的 ESG 行为与信息披露程度非常敏感。因为投资者一般会关注企业本身的经营状况和未来的盈利情况，所以用 ESG 理论对企业价值进行分析，能帮助投资者在市场上寻找到一些潜在的投资机会（钱俊亦、罗天勇，2020）。投资者在其他的条件相同时，更愿意投资信息披露更充足的企业，以控制投资风险，保证收益的安全性。通过对个人投资者的数据分析发现，个人投资者更偏向稳健投资（唐耀祥等，2011），这意味着个人投资者会更倾向适中风险投资，如表 4.2 所示。

表 4.2 基金个人投资者愿意承担的风险

风险类别	比例（%）
高风险、高收益	15
适中风险、稳健收益	74
低风险、低收益	9
不愿意承担任何投资风险	2
合计	100

资料来源：2018 年中国证券投资基金业协会对基金个人投资者投资情况调查问卷分析报告。

第一，企业社会责任信息会对个人投资者的投资意向产生影响，企业声誉对企业社会责任信息和投资意向的关系具有部分中介效应（廉春慧、王跃堂，2018）。从市场需求的角度来看，公众普遍对安全环保、关注民生的社会企业更为信任与抱有好感。该类企业更具有人性化的特点，对员工的福利待遇可以提高员工对工作的满意度，进而提高工作效率。员工权益受到尊重与保护，同时企业也赢得了民心（周心仪，2020）。因此，良好的社会责任信息会向投资者传递一种积极的信号，增强企业的稳定性，以及吸引较多的个人投资者。

第二，企业进行社会责任投资时，传达出的积极信号表明企业同时关注自身利益和社会效益。一方面，企业社会责任投资对上市公司提高效率有明显的促进作用（Rui et al.，2010）；另一方面，投资者的投资决策更倾向实施社会责任的企业，有可能不惜以溢价购买公司股票以降低投资风险。在市场信息不对称的情况下，企业的社会责任信息会影响个人投资者的投资决策，帮助其进行甄别和选择。正面的、积极的企业社会责任信息有可能传递出企业经营状态良好的信号。当资本市场产生波动或本行业发生信任危机时，勇于承担社会责任的企业较易于缓冲风险，尽快恢复正常的经营活动（廉春慧、王跃堂，2018）。企业履行社会责任的行为相当于为企业提供了“信誉担保”，能够帮助企业在动荡环境中减轻损失，也在一定程度上间接地保护了个人投资者的利益。

因此，进行社会信息披露的企业会通过企业声誉和社会效益来提高企业在个人投资者心中的形象，增强企业的稳健性，进而吸引个人投资者。履行社会责任与 ESG 投资相似，个人投资者在督促企业进行社会责任信息披露的同时，推动企业进行 ESG 信息披露，以获得潜在的投资机会。

4.1.2.3 评级机构

评价机构的主要作用是对企业 ESG 表现进行量化打分，在市场中有不可替代的作用。评级机构的评级结果应具有实时性和前瞻性（Johnson，2020），即能反映企业 ESG 行为的最新情况和未来发展趋势，为投资者合理进行ESG投资提供参考。国际最常用的ESG评价体系主要有MSCI评价体系、汤森路透评价体系、FTSE评价体系等。

MSCI评价体系主要根据同行表现对评价结果进行调整。该评价体系关注企业在环境（E）、社会（S）和治理（G）方面的十大主题下的37项关键评价指标表现。最终评级得分由各关键评价指标得分加权计算后，再根据企业所处行业进行调整。对于指标权重的设定则考虑两个方面，一方面是指标对行业的影响程度，另一方面是影响时间跨度。根据行业调整后的ESG评级得分，按照分值区间给出从AAA到CCC的ESG评级结果。①

汤森路透评价体系是海外最全面的ESG评价体系之一，其最具特色的地方就是包含对公司争议项的评分，并给争议事件较高的得分权重。汤森路透ESG评级采用百分位数排名打分法，对上市公司进行ESG评价及争议事件打分。该评级方法的结果相对平滑，并且弱化单项指标在得分上的差异性。

FTSE评价体系的特点是包括公司的绿色收入占比。FTSE4Good指数系列参考FTSE Russell的ESG评级结果对成分股进行纳入与剔除的调整，不包括军工、烟草和煤炭行业的企业。FTSE Russell不仅通过FTSE Russell评级体系的模型进行ESG评级，还通过FTSE Russell绿色收入低碳经济（LCE）数据模型对绿色产品产生的收入进行界定与评测。②

通过上述对三个评价体系的分析发现，许多有影响力的金融机构均构建了自己独特的评价体系与指数，旨在推动ESG在企业的运用，从而为资本市场服务。从对ESG的影响方面来看：第一，各评价体系均能强化企业ESG信息披露。如环境信息披露，揭示包括环境风险管理绩效在内的多方面不足③，提高企业的生态保护意识，进而推动企业进行ESG行为。第二，评级机构为政府对企业环境风险的调控和监管提供直接依据。

①② 长江证券．海外ESG评级体系详解［R］．2018.

③ 中国证券投资基金业协会，国务院发展研究中心金融研究所．中国上市公司ESG评价体系研究报告［R］．2018.

第三，评价体系以各评价指标为切入点，对企业信息进行全方位分析，不受单一视角限制。[①] 这种全方位分析能够揭示企业风险管理的现状与未来发展方向，帮助市场投资者运用 ESG 因素分析进行投资组合与投资策略的调整，进而增强市场自我修正与价格发现的能力。

4.1.3 企业利益相关方

4.1.3.1 股东

根据 MSCI 研究显示，从长期来看，ESG 责任投资表现出较为显著的超额收益。[②] 据中国证券投资基金业协会对我国 ESG 责任投资情况的调查，发现在与 ESG 主题相关的 25 家机构中，有 44% 的机构表示获得明显的超额收益。[③] 由此看出，ESG 投资不是一种慈善活动，并不是以牺牲投资者的利益来支持企业履行社会责任，而是一项长期的、有价值的投资活动，将“长期、有价值、可增长”纳入投资决策指标，来实现企业的经济效益。即便它可能会使公司局部的、短期的利益受损，但一定符合整体的、长期的利益，即符合股东长远利益（余兴喜，2019）。如果股东能有理性认知，那么一定会更进一步刺激 ESG 的市场流入量，从而形成 ESG 投资市场的良性循环。

4.1.3.2 消费者

近年来，在激烈的市场竞争环境中，消费者倾向选择优质产品和服务，乐于与具有良好社会形象的企业进行交易。为了满足市场的需求，企业需要建立良好的社会形象与优质供应链，以及将提升企业 ESG 表现作为与消费者联系的重要纽带。另外，消费者又是相对脆弱的，其行为容易受到企业 ESG 表现和市场因素的影响和左右。

事实一再证明，一旦企业社会形象遭到破坏，消费者会大量流失，影

① 中国证券投资基金业协会，国务院发展研究中心金融研究所．中国上市公司 ESG 评价体系研究报告［R］．2018.

②③ 牛广文．助推社会责任履行 ESG 带领企业实现高质量发展［EB/OL］．人民网，http：//finance. people. com. cn/n1/2020/0727/c67740－31799088. html，2020－07－25.

响企业绩效。2007年9月暴发了一场英国自1866年欧沃伦格尼事件以来的第一次大规模的银行挤兑危机——“北岩银行”危机。2007年8月9日“北岩银行”向英格兰银行提出紧急援助申请（李奇霏，2017），然而金融监管当局在9月14日才发布联合声明。这一时间差造成消费者的心理恐慌，认为“北岩银行”内部出现严重危机，不能为投资者带来收益，甚至无法保本，导致“北岩银行”出现了挤兑狂潮。更为严重的是，“北岩银行”在遭遇连续三天的储户挤兑时，没有一家金融监管当局出面声援或采取实质性的救援措施，加剧了其挤兑危机（张光涛、刘春波，2014）。2007年8月暴发的流动性危机使整个金融市场的资金流动性不足，最终造成“北岩银行”和其他直接涉足建筑和次级贷款业务的企业的重大损失和资本市场的严重破坏。

如上所述，市场动荡会通过对企业信用的预期和企业声誉的影响，直接传递给消费者不良信号，即认为是企业的生产经营活动出现问题，进而导致大量消费者和资本的流失。相反，勇于承担ESG责任的企业会落实ESG责任投资，并且披露ESG相关的信息，增强消费者对企业的信心，使企业即使在动荡时期也能对风险有一定的缓冲作用。

4.1.3.3 邻里/社区

邻里/社区作为企业利益相关方的重要构成，在企业ESG的实施进程中发挥着反馈信息的作用。社区居民的不良反应可以作为企业不良活动的警示信号，尤其是对企业造成生态环境污染的反应。这种警示能推动企业发展，改善企业与ESG责任投资相关的活动。

近年来，我国生态环境污染加剧，严重影响企业周边社区的正常生活。如石油化工行业在石油开发和炼制过程中产生或泄露的原油、天然气、污水以及各种化学药品和废泥浆等污染物质，构成了生态环境恶化的一个重要因素（范明霏，2014）。2003年12月23日重庆开县井喷的重大事故造成240多人死亡，并且直接造成8200多万元的经济损失。并且，由于钻井液中有大量的化学药剂，残留在地面上和渗进泥土中的钻井液会造成持久性的生态污染。另外，油田钻井过程中发出的巨大声响，对周围村落造成严重噪声污染，经常发生农民抱怨噪声导致鸡不下蛋、鱼不生长等问题。

通过对石油行业的污染问题分析发现，社区居民向企业传递反馈信息，这些信息不仅能直接反映企业对居民环境的直接影响，而且能影响企业 ESG 评级。一方面，生态环境的污染直接降低企业环境（E）相关的指标评分；另一方面，社区居民的不良反馈影响社会（S）中社区指标的评分。因此，社区为企业提供的反馈信息通过对 ESG 指标的影响，来约束企业行为和改善企业经营策略，在一定程度上推动了 ESG 理念与企业策略的整合。

4.1.3.4 媒体

媒体对企业的外部监督作用逐渐凸显。媒体作为一种外部治理机制，对企业健康发展发挥着积极有效的监督作用（张微微、姚海鑫，2019）。媒体的关注能使投资者从媒体报道中获得便捷、全面的信息，增加企业信息的透明度，从而督促企业建立良好的企业形象。

在揭露和报道企业环境、社会与治理（ESG）问题方面，媒体发挥的作用逐渐加强。如果缺乏外部监督，ESG 方面的负面信息容易被企业隐藏。比如企业可能会故意拖延时间、否认负面问题的存在或者不具体说明自身的责任，也不表明任何的应对措施。如果拥有有效的外部监督机制，比如新媒体的出现，使公众可以通过社交媒体曝光 ESG 问题等，可倒逼企业对不当措施快速做出应对（沈雅婷，2012）。因此，媒体通过增强企业 ESG 相关信息的透明度来推动企业 ESG 行为与投资的发展。媒体的介入可以让企业及时地对负面问题作出回应、督促企业解决问题，并主动报告解决方案的进展情况，以维护企业良好的形象。

根据以上叙述分析可知，利益相关者对企业产生的压力和约束在一定程度上可以增强企业参与企业社会责任管理的有效性，以推进企业 ESG 表现。因此，企业进行社会责任投资是改善主要利益相关者群体之间关系的有效方法。例如加强员工关系、发展可持续实践、与客户和其他利益相关者建立声誉联系等，这些都向外部投资者表明企业拥有和谐良好的工作氛围。此外，为建立竞争优势可以进行相关的企业社会责任活动，为股东创造长期价值（Ramchander et al.，2012）。

4.2 企业内部因素

4.2.1 内部主要行动者

4.2.1.1 管理层

管理者承担着管理企业和实现企业经济价值的责任。从管理层权力理论来看，完善企业管理层体系可以减轻企业的代理问题，改善企业经营状况，提高企业 ESG 方面的表现，进而增加企业绩效。

首先，研究表明董事会或高管层的性别多样性对 ESG 产生正的绩效影响（Velte，2016）。通过对德国、奥地利高管团队中女性存在的研究，发现注重女性管理者的培养对 ESG 绩效有积极影响。一方面，女性高管会更重视道德伦理与企业社会责任，有利于识别企业不道德行为和违规活动，进而帮助企业抑制财务造假行为和提高经营稳健性；另一方面，女性高管注重信任和民主参与，相较于男性高管的专制和权威倾向，女性高管善于营造沟通、合作与信任的氛围，有利于提高组织协作效率与透明程度（徐高彦等，2020）。此外，这类企业会更倾向于自愿披露社会责任的承担和履行情况。因此，注重性别平等的企业能够加强组织内部沟通与交流，提高信息的透明度，进而提高企业绩效。

其次，不完善的管理层体系能引发严重的企业代理问题，进而影响企业绩效。一方面，大股东如果是利益高度相关的一致行动人，那么内部的大股东与小股东之间存在严重的信息不对称问题。大股东会以牺牲小股东权益和公司利益为代价获取大量的资金，并在获得巨大收益后改投其他公司。如“瑞幸咖啡”三大股东的恶意操作、投资造假（欧昕莛、吴虹，

2020）。另一方面，企业的管理权与所有权的划分没有清楚的界限，即董事长兼任 CEO 时，会出现控股高度集中的企业股权结构。该结构不利于充分发挥股东之间的相互监督和制衡作用，容易破坏或者损害小部分股东的安全和利益——掌权人只盯着效率与效益，私自占用企业资金，损害企业名誉和利益（张倩，2020）。

因此，无论是管理者性别的多样化，还是完善管理层体系均有利于提高企业 ESG 表现，进而促进企业绩效增长。管理者性别的多样化不仅可以提高企业道德和社会责任的表现，还可以优化组织氛围，提高信息透明度。而完善的管理层体系注重改进企业公司治理方面的问题，进而促进企业 ESG 的发展。

4.2.1.2　员工

企业员工是企业社会责任投资的重要因素之一（Quaak et al.，2007）。从员工维度出发，相关的因素有员工的归属感与参与感、薪酬水平、劳工标准等。员工对企业 ESG 责任投资的影响主要表现在：

首先，员工的归属感以及工作满意度会对员工的工作效率产生积极的影响，进而影响到员工的忠诚度。对企业忠诚的员工有很大的可能性倾向于主动规划工作，能够和企业共同关注企业的盈利情况（Edinger - Schons et al.，2019），发挥员工的主观能动性。

其次，诚信文化潜移默化地影响着员工行为。一方面，企业诚信文化对企业社会责任绩效（Corporate Social Performance）有很强的正向影响（Wan et al.，2020），不仅可以促进企业实现高效的内部监督机制（左锐等，2020），还可以提高员工间信息与沟通的透明度。另一方面，诚信文化作为一种价值观，是能保持承诺和行为一致性的重要品德。在企业运营过程中发挥着规范和引导作用，深刻影响着员工的思维、行动以及企业经济活动。

企业 ESG 中的社会（S）维度强调改善员工待遇和上下级关系，实现员工与企业的共赢。如今，企业对员工的管理仍存在不足之处，比如出现关键岗位人群的突然离职，薪酬结构不合理，上级管理者行为失当和缺乏约束等。企业长期的不良行会为给员工带来重大压力，导致员工的自制力和认知能力下降并影响其分析、解决问题的能力（孙佳思等，2019），进而影响企业发展。因此，员工的归属感和文化行为是企业 ESG 行为的重要抓手，能提高企业对 ESG 的关注，推动企业 ESG 的发展和落实。

4.2.2 内部相关要素

4.2.2.1 企业对 ESG 的认知

随着 ESG 理论的不断发展，国内外就 ESG 理念的重要性问题基本达成共识。企业 ESG 认知能够直接影响其 ESG 行为。然而，受企业文化和地理因素的影响，企业对 ESG 理念认知程度情况各有不同。一般而言，重视文化的程度越强，所在地文化与经济发展水平越高的企业更倾向于充分披露 ESG 相关信息和进行 ESG 相关的行为。

企业对 ESG 理念认知程度的差异可能与地理区域有关，并且企业对 ESG 理念认知程度可以用社会责任信息披露程度反映。第一，地理位置差异产生不同的区域文化。区域文化对权利差距的接受程度越高，企业披露社会责任信息的动机越弱，企业社会责任信息披露质量越低。区域文化以绩效为导向的程度越高，该地区内企业社会责任报告披露的意愿越低，社会责任相关信息披露的质量也越低（张婷婷，2019）。第二，地理位置差异与经济发展水平有关。研究发现，欧洲公司的整体表现远远好于北美公司，而亚洲企业往往落后于欧洲和北美同行，但仍领先于发展中国家（Ho et al.，2012）。地区经济的发展水平不同会影响当地企业的社会绩效。一般而言经济发达的地区，企业社会绩效平均分较高，即高经济发展水平地区的企业对社会责任信息更加重视。

此外，突发事件能加强企业对 ESG 的认知程度。2020 年新冠肺炎疫情的突然暴发对我国经济的发展造成了重大的损失。一方面，在当前逆全球化和贸易保护主义抬头的背景下，这被称为“国际公共卫生突发事件”的疫情将持续加重我国的出口乏力问题（剧锦文、刘一涛，2020）。另一方面，疫情的蔓延对宏观经济的影响将动摇资本市场投资者的信心，降低上市公司的投融资能力。新冠肺炎疫情的暴发在暴露出包括信息公开透明、应急管理等诸多社会治理问题的同时，也暴露出企业对相关风险管理的重视不足，对部分企业的可持续发展构成重大挑战。可以看出，突发事件让大部分企业意识到优先考虑和解决 ESG 风险问题是维持企业生存的必然选择，这对企业管理者来说是很好的清醒剂（剧锦文、刘一涛，2020）。

4.2.2.2 生产成本、监督成本与披露成本

从产出的角度来分析，增强企业绩效除了需要优化企业内部的相关行动者的行为，提高行动者效率，还需要控制成本。下面将 ESG 相关成本分为三部分介绍：生产成本、监督成本与披露成本。

（1）生产成本。

关注 ESG 责任投资的企业更加关注生态环境问题。为改善企业造成的环境污染问题，企业一般需要改进生产流程。而这种改变会对企业效率产生直接影响。

研究表明，低成本的环保活动与企业效率呈正相关（Xie et al.，2019），即低成本的环保活动会促进企业效率。正如麦肯锡（McKinsey）提出：有效的 ESG 执行成本会影响高达 60% 的运营利润（Henisz et al.，2019），善于利用可持续发展战略的公司，能更积极应对环境风险，并以此作为竞争优势的源泉。例如，3M 公司自 1975 年推出“污染预防费用”计划帮助公司节约了 22 亿美元，而且通过该计划回收和再利用生产中的废物，有效防止了污染。联邦快递将其 3.5 万辆汽车的 20% 改用电动或混合动力引擎，这为联邦减少了超过 5000 万加仑燃料的消耗（Henisz，2016）。以上例子表明低成本环保活动不仅可以提高公司运行效率，而且可以解决废物污染的生态问题。

（2）监督成本。

监督成本是指因实施监督而付出的成本。企业贯彻 ESG 理念，落实 ESG 行动，如监控二氧化碳等气体的排放，必定会增加企业监督成本。例如，石油行业的资产大多为石油等含碳量较高的产品。然而，监控过程会对企业含碳的产品采取限制措施。采取限制温室气体排放的措施，会减

少石油企业的净利润，甚至会由于在向低消耗经济体转型过程中的巨大成本，造成石油行业的净利润为负值。因此，石油行业经济发展受到气候变化等环境问题的深刻影响（van den Hove et al.，2002）。如果不能找到应对气候变化的有效方法，石油行业就会产生商品堆积。在资源有限的情况下，商品堆积会造成产能过剩、资源分布不均等情况，进一步增加企业的监督成本，从而阻碍企业可持续的发展。

（3）披露成本。

合理的披露成本能优化企业价值和树立良好的企业形象。如果市场投资者知道某项信息的披露存在披露成本，那么企业披露此信息内容将会引起企业价值的下降。据此，可将企业不披露信息的原因分为两种：一是企业不披露的信息是不利于企业声誉的消息，有损企业形象；二是企业掌握的信息本身不是坏的，但考虑披露成本后，该类消息的披露是没有意义的。换言之，企业掌握的信息尽管不是最坏，但也不足以抵消披露它所带来的负面影响（陈亮，2007）。因此，就产生了企业选择性地进行信息披露的现象，企业通过权衡披露成本上升和披露所带来的风险溢价下降来决定最优信息披露数量（李明毅、惠晓峰，2006）。

根据以上对生产成本、监督成本和披露成本的叙述发现，为提高企业绩效，维持企业发展，企业有动力主动促进 ESG 理念的深入发展。因此，通过对成本解构，将 ESG 相关成本与收益进行全方位分析，强化企业对 ESG 理念的认知水平，是推动 ESG 在企业内部扎根发展的重要抓手。

4.2.2.3 企业战略整合

大量关于经济学、组织理论和战略管理等方面的研究表明，创新是国家经济增长的关键因素。虽然创新被视为企业核心竞争力的最强有力的部分，但是生态创新是赢得资本信心的重要因素。从长期来看，生态创新可以为公司带来积极的回报（Doran and Ryan，2016），能够促进 ESG 整合理念的推广脚步。

生态创新不仅能提高企业的营运能力，还能减少对资源的浪费。企业的生态创新方式可以将环保型制造与更广泛地采用先进制造系统结合起来。通过对企业的研究调查（Move et al.，2013）发现：

第一，企业开始采取工业现代化的策略，并且进行对环境污染的预防。这不仅可以实现企业环境保护的目标，还能够有效地提高企业整体的绩效。因此，企业极力主张减少污染源的使用，改善生产工艺，合理有效地使用资源。此外，企业可以通过与具有环保意识的制造或组织创新的公司合作，能够在提高生产力的同时也大大减少污染物的排放量。第二，企业在整个生产链的角色与最终用户之间是密不可分的。为满足最终用户对可持续性发展的需求，企业需要采用先进的生产技术，提高企业生产率，并为企业环境成果提供新的机会。企业通过不断创新来提高生产力和落实保护环境的战略，不仅可以改善环境在企业运用中的地位，还以改善环境和工业绩效的方式优化了生产流程（Move et al.，2013）。

近些年，ESG 整合策略逐渐成为企业投资决策过程中的首选。ESG 整合的投资价值能够推动负责任投资的推广（PRI，2020）。正如中国“绿水青山就是金山银山”的发展理念，ESG 整合策略可帮助企业寻求经济发展与生态环境的平衡发展，构建系统的多层级生态环境风险防范体系，实现企业的可持续发展。

4.3 ESG 对企业财务的影响

财务绩效是指企业的战略在实施和执行后，为企业的营运所做的贡献的多少。企业财务绩效水平可以客观地反映企业的资产运用管理的效果和抗风险能力。因此，较好的财务绩效水平能吸引投资，增强投资者的信心。

4.3.1 环境绩效与财务绩效的关系

企业环境绩效是指企业对环境保护和治理所取得的成绩和效果。企业环境绩效从定性和定量两个方面主要体现为：一是从定量的角度，指企业发生的与环境有关的问题导致的财务影响。二是从定性的角度，指企业的主观努力对生态环境的保护和改善或者对生态环境造成破坏所形成的环境质量绩效。

环境绩效能够通过以下四个方面来影响企业财务绩效：第一，由于更多的环境信息披露可以增强企业盈利预测的准确，企业对自身环境风险有着更加清晰的认知，并及时做出应急反应来增加财务绩效（Xie et al.，2019）。第二，愿意对环境负责的企业既能拥有良好环境声誉（Konar and Cohen，2001），又易于得到投资者的支持，以增加企业财务绩效。愿意对环境负责的企业不仅保护了自己的利益，还增强利益相关者对企业的信任，使企业更容易获得资金或相关资源的支持。第三，愿意对环境负责的企业能改善与政府监督部门的关系，在一定程度上能降低经营风险（许慧、张悦，2020）。第四，愿意对环境负责的企业对环境保护设施以及相关技术的投入会提高企业的生产效率，为企业进入市场提供更多的机会（张长江等，2016）。这也就解释了为什么大型企业一般都会自愿地遵守环境的法律法规，对公众树立一个爱护环境的企业形象。

4.3.2 社会责任绩效与财务绩效的关系

企业社会责任绩效可以看作企业道德合法性的反映，即企业被利益相关者视为具有道德的企业公民而接受的程度（朱乐、陈承，2020）。因为企业履行社会责任的效果由相关指标数据体现，所以评价指标的构建以及企业社会责任的计量方法是研究企业社会责任绩效的一个重点（骆嘉琪等，2019）。社会责任绩效与财务绩效的关系可以表现在以下几方面：

第一，承担社会责任的行为表明企业具有强大的资金实力与可持续发展的可能性，以此增强投资者的意愿，来增强财务绩效。可持续发展理论提出，履行社会责任投资可以让众多企业获得利益相关者的信任和支持，最终提高其财务绩效。信号传递理论认为，履行社会责任投资是一种传递信号的方式，表明了企业的可信赖程度，从而使企业得到更好的发展，也能提高企业的财务绩效（齐殿伟等，2020）。因此，企业进行社会责任投资在一定程度上对其财务绩效有积极的影响。

第二，企业财务绩效通过企业声誉的信号来引发投资者对于企业情感声誉和认知声誉的感知，进而影响其投资意愿（张爱卿、师奕，2018）。对于财务绩效表现良好的公司，投资者对公司有更强烈的情感需求和社会期望。此时情感声誉的中介作用更显著，会推动投资者继续做出投资的行为。该过程降低了企业与利益相关者在交易前与交易过程中的交易费用，能够带来好的财务绩效（余峰，2016）；而对于财务绩效表现欠佳的公司，投资者认为其不具备承担社会责任的经济实力。此时情感声誉不发挥中介作用，而是通过认知声誉影响投资决策，投资者会不愿意继续做出投资。

第三，信息不对称在企业社会责任与财务绩效之间发挥着重大作用。社会责任信息的披露可降低投资者与企业之间的信息不对称（张爱卿、师奕，2018）。

综上可知，企业良好的财务状况是开展社会责任活动的有力后盾，企业承担社会责任极有可能提升投资者对企业的信任与好感。企业的社会责任缺失，不仅会破坏企业声誉，也可能损害企业绩效。

4.3.3 公司治理与财务绩效的关系

公司治理作为现代企业制度建设的重要内容，是通过投资者、董事会和经营者之间相互监督和制约，以促使企业科学决策，保障企业持续健康发展（王化中、李超，2019）。提升公司治理水平无疑是提高上市公司质量，推进资本市场健康发展，提高资本市场服务实体经济能力的有效途径之一（舒伟、张咪，2020）。良好的公司治理体系有着健全的内部控制体系，可以有效地控制代理问题。这可以向利益相关者传递积极的信号，能更好地提高企业的财务绩效，增加企业价值（张敏等，2017）。

4.3.4 ESG评价指标对财务绩效的影响

ESG风险较低的公司有更好的机会提供可持续的财务表现（Dalal and Thaker，2019）。ESG绩效较好的投资收益率明显较高，并且在较长区间内收益率持续上升。而在同一区间内，ESG绩效较差投资收益率一直维持较低水平，所以良好的ESG管理有益于企业的长期发展。① 根据DJSI的评分标准，选取企业可持续发展能力排名靠前的10%和最后10%的企业，分别计算出收益率。通过对比分析发现，可持续发展能力越强的企业其相应的财务绩效和投资价值也越高（姜腾飞、李山梅，2010）。另外，根据分析北京地区上市公司可得出以下结论：第一，ESG绩效较好的组合收益率均高于ESG表现较差的投资组合。第二，上市公司的股价波动性与ESG绩效存在显著负相关。② 股价的波动性越大，意味着企业经营不稳定，存在着较大的风险。那么在投资的过程中，运用ESG理念可以帮助投资者有效降低投资风险，投资者可以通过ESG进行排雷，能够较好地识别出投资风险，以获得可持续的长期收益。

投资者更倾向于投资碳足迹更好、社会接受度更高、治理政策更透明的公司。ESG表现好的企业有更高的价值，能够带来更好的长期投资收益（张琳、赵海涛，2019）。故根据分析就可以提出以下建议：首先，鼓励企业适度地披露环境和社会信息，为提高市场竞争力，披露更多的治理信息。其次，ESG活动的有效执行对企业环境责任、社会责任、公司治理和财务绩效都至关重要。在未来，企业要想减少或消除与ESG相关的风险的影响，获取潜在的盈利机会，还需要付出更多的努力，来提高企业自身的执行效率（Xie et al.，2019）。

---

①② 商道融绿，北京绿色金融协会．北京地区上市公司ESG绩效分析研究［R］．北京地区上市公司ESG绩效分析研究，2019：1－17.

第5章　ESG 案例研究

随着 ESG 理念的普及和快速发展，越来越多的企业开始在制定公司战略过程中考虑 ESG 因素。截至 2020 年 6 月，已有超过 3000 家投资机构签署了基于 ESG 理念的《联合国负责任投资原则》（PRI），承诺将 ESG 问题纳入投资的决策过程，而这些签署机构管理着全球一半以上的专业投资（Home，2020）。截至 2020 年，标准普尔 500 指数（S&P 500）的 500 家企业中，已经至少有 493 家公司选择将 ESG 评价加入公司战略当中来（Atkins et al.，2020）。另外，整体而言，企业依然面临着巨大的 ESG 风险，ESG 丑闻频发，ESG 表现有巨大的改进空间。美洲银行估计，在 2014 ~2019 年，ESG 丑闻给美国标准普尔 500 企业造成了至少 5000 亿美元的市值损失。

本章将介绍一些代表性企业在 ESG 方面所采取的举措和表现，以及这些企业经历的关键 ESG 事件和市场的反应。考虑到行业的特殊性、行业规模和 ESG 投资成熟度三方面因素，我们选取了金融业，石油与天然气开采业，采矿业，电力供应业，信息传输、软件和信息技术服务业，制造业共六个行业来进行介绍。入选案例的企业分布于北美、欧洲、亚洲和大洋洲，包括发达经济体（如美国、日本、英国）和新兴经济体（如中国、俄罗斯和印度）。这些案例在 ESG 评价和企业 ESG 管理策略方面有诸多启发，我们会在第 5.7 节对这些案例进行总结讨论。

5.1 金融业

金融业是实践 ESG 理念的关键角色，是通过投资决策促进 ESG 发展的主要推手。在 ESG 理念蓬勃发展的今日，有越来越多的金融机构在进行投资时不仅考虑经济和财务指标，还将环境、社会和治理指标纳入评估当中，从而促进全球经济可持续健康发展。例如，自 2020 年起，代表性机构投资者 BlackRock 和 State Street 已经开始要求接受其投资的企业按照统一的标准披露其 ESG 信息。世界上规模最大的主权基金挪威央行投资管理机构（NBIM）公开列出其所规避的一系列 ESG 表现不达标的企业。

另外，金融业自身也是 ESG 丑闻事件的重灾区。由于金融业的业务形态，这些丑闻通常集中于社会和公司治理方面，包括内幕交易、腐败、洗钱、金融欺诈、监管缺位等。这些丑闻会给公司自身带来巨大的经济和声誉损失，例如“马来西亚主权基金 1MDB 事件”“摩根大通的‘伦敦鲸’事件”“德意志银行涉嫌洗钱事件”，带来的损失可高达几十亿美元。某些极端情况下，金融业的 ESG 风险还有可能对全球市场和经济发展造成恶劣影响。例如，有观点认为，三大信用评级机构在公司治理方面有意或无意的疏漏对于 2007 年金融危机暴发负有直接责任。在本节中，我们将介绍黑石集团、中国工商银行和平安集团三家公司在 ESG 方面所做出的努力。

5.1.1 黑石集团

黑石集团（Blackstone）是总部位于美国纽约的一家私募股权投资企业，成立于 1985 年。黑石集团在 ESG 的三个方面也做出了许多努力，虽然并没有出现严重的危机事件，但是依然面临着严峻的社会问题和公司治理问题。

黑石集团提供较为全面的另类资产管理及金融咨询服务。根据其可持续报告，黑石集团自成立之初就努力成为一家负责任的投资企业，ESG就是其战略中不可或缺的一部分。[①] 可持续发展是所有业务的核心，黑石集团声称在制定投资决策时会充分考虑环境、社会和公司治理三个因素，对风险进行系统评估，从而为客户提供更好的投资方案。

从目前来看，ESG 理念已经成为黑石集团工作业务不可缺少的一部分。在为客户评估投资机会与风险时，黑石集团会收集高质量的 ESG 数据和情报，将其作为投资和资产组合管理流程的标准，以此来加深公司对市场需求和消费者趋势的理解。据《华尔街日报》报道，黑石集团为自己设立了 2021 年的目标，希望减少公司 ESG 投资 15% 的碳排放。[②] 这表明了黑石由传统投资向可持续投资转变的决心，也响应了其他机构削减排放或采取零排放的环境目标。在投资方面，黑石集团披露称，石油勘探和生产企业仅占公司投资组合总市值的 3%，黑石持续投资可再生能源项目，并不断提高办公场能耗中可再生能源占比。但另外，有批评者指出，黑石集团并未披露其在能源行业其他领域的投资细节。据已知数据，黑石集团于 2019 年依然持有大型的燃煤火力电站和富有争议的石油管道项目。

在社会方面，黑石集团一些投资行为颇有争议。其中一个代表性事件是 2019 年联合国对于黑石集团在住宅市场的投资和运营行为的批评。联合国报告指出，黑石集团在 2007 ~ 2008 年金融危机后，大规模买入民用住宅房产，并通过提价、变相收费和驱逐等方法从租户处获取更多利润，对租户造成了灾难性后果。同时，黑石集团利用自己的政治和经济资源，阻挠对自身不利的法案通过。例如，黑石集团花费了至少 620 万美元阻止了加州一项控制房租的法案通过。

---

① Blackstone. Responsible Investing Policy [EB/OL]. https://www.blackstone.com/docs/default-source/black-papers/bx-responsible-investing-policy.pdf? sfvrsn = cef0a3ad_2, 2020-10-29.

② Blackstone. Our Next Step in ESG: A New Emissions Reduction Program [EB/OL]. https://www.blackstone.com/insights/article/our-next-step-in-esg-a-new-emissions-reduction-program/, 2020-10-29.

在治理方面，黑石集团任命了公司首席可持续发展官和ESG全球负责人。首席可持续发展官负责改善所有投资组合的可持续性，通过构建环境绩效指标来确保投资对可持续发展的积极作用。ESG全球负责人负责协调整个公司的ESG计划，并在法律与合规部门的协助下确保计划的正常实施。除此之外，公司还聘请了许多职能专家来辅助并监督ESG的各项事宜的开展，及时发现风险并采取应对办法。最后，公司成立了ESG指导委员会，该委员会由ESG全球负责人领导，通过定期协商来修订和改善公司的ESG各项政策，并且每年都会向外界发布公司ESG年度报告，通常该委员会由公司的业务部门和职能部门的专业人员构成。此外，黑石集团曾经由于涉嫌违反美国《海外反腐败法》而受到美国司法部的调查。

在ESG评价机构Sustainalytics给出的2020年最新评分中，黑石集团的ESG风险总得分为30分，ESG风险评级为中度风险级别。其中环境风险、社会风险和治理风险分别得到了2.8分、12.5分和14.7分。这给了黑石集团一个警示信号：公司目前面临着比较严峻的社会问题和公司治理问题。黑石集团必须尽快解决公司治理中存在的问题，并努力改善社会形象，履行更多的社会责任。

5.1.2 中国工商银行

中国工商银行（ICBC）是由中央直接管理的大型国有企业，也是中国最大的商业银行。截至2020年，中国工商银行共向全球809.8万公司客户和6.5亿个人客户提供全面的金融产品和金融服务，并且连续七年位居英国《银行家》杂志发布的全球银行1000排行榜单的首位。

中国工商银行是中国金融业最早引入ESG理念的公司之一。从引进ESG理念之后，中国工商银行就将“可持续性”和“绿色”作为所有工作的基础，并且取得了许多成效（在后文具体ESG举措中说明）。2019年，联合国环境署和全球银行业代表发布了与ESG理念高度相关的《负责任银行原则》（Principles for Responsible Banking）。中国工商银行是唯一一家参与发起《负责任银行原则》的中资银行，同时也是三家首批签署的中资银行之一（另两家为兴业银行和华夏银行）。此外，中国工商银行还加入了气候变化相关财务信息披露工作组（TCFD），是首个加入TCFD 的中国金融机构。

然而我们注意到，在 Morningstar 公司旗下的 ESG 评价机构 Sustainalytics 给出的2020 年最新评分中，中国工商银行的 ESG 风险评分为 35 分，ESG 风险评级为高风险级别。这是因为中国工商银行在社会和公司治理两项风险评分上获得了较高的分数，分别为 17. 3 分和 15. 5 分。虽然中国工商银行在2019 年获得了香港上市公司行会发布的“公司管制卓越奖”和《董事会》杂志颁发的“金圆桌奖——董事会公司治理勋章”，但是Sustainalytics 的评分说明，在外部评价者看来，中国工商银行在公司治理上依然存在一些问题，并且带来了很多社会问题，这将会导致公司面临严重的潜在风险。比如，2020 年中国工商银行代销的鹏华基金的一款金融产品出现了“全线违约”问题，资金缺口达数十亿元；2019 年媒体爆出的某行长与 32 名女下属保持不正当关系丑闻等。这些都给公司带来了极大的负面影响，并引起了外界对于其公司治理水平的质疑。但是从长期来看，中国工商银行自从引入 ESG 理念之后还是成功的，也是中国银行业践行 ESG 的先驱，其主要在环境、社会和公司治理三个方面做出了努力。

在环境方面，中国工商银行倡导绿色金融，积极践行“创新、协调、绿色、开发、共享”五大发展理念，主要在以下三个方面：第一，公司向环境保护、绿色能源和资源循环利用等金融项目提供绿色贷款服务，2018 年较 2017 年，绿色贷款服务增幅达 12. 61%；第二，公司助力全球绿色金融市场的发展，2018 年累计承销绿色债券 6 只，筹集资金达 655 亿元，积极践行可持续发展理念；第三，公司向客户和外界传递绿色理念，并资助研究机构进行绿色金融研究。公司通过 App、融 e 行等线上方式，为客户提供年账单，通过估算本年度碳排放量信息折合成回馈客户的福利。2018 年，公司与中国证券指数联合研发的“180ESG 指数”正式发布，成为国内首个金融机构发布的 ESG 指数。①

在社会方面，中国工商银行主要在以下三个方面做出努力：第一，公司实行“人才兴业”战略，重视人才培育工作。公司在内部实行民主管理，不断拓宽员工的职业发展路径，并定期举行专业技能培训。在员工福利上，公司不断完善激励机制和薪酬制度，每年会为员工提供免费的健康体检，充分保障员工健康安全。第二，公司坚持金融服务实体经济的理念，特别是对高端制造行业的金融支持。2018 年，公司向实体经济提供各项贷款达 154199 亿元，相较 2017 年增幅为 8.3%。除此之外，公司不断促进物联互联，助力区域协同发展，比如雄安新区、粤港澳大湾区和长三角区域的建设。第三，公司开展金融扶贫行动，为此，还专门成立了扶贫工作领导小组，负责统筹扶贫工作。2018 年，公司扶贫贷款达到了 1559.45 亿元，相较 2017 年增幅为 22.76%。除此之外，为了帮助贫困地区脱贫，公司鼓励在采购时优先考虑贫困地区，并帮助其销售农产品。仅 2018 年，公司从贫困地区采购金额达 2584 亿元。②

在治理方面，中国工商银行主要推出了以下四点举措：第一，公司不断加强治理能力，构建了“三会一层”的治理体系，各部门权责分明，相互协调。其中“三会”指的是股东大会、董事会和监事会，“一层”指的是高级管理层，包括业务推进委员会、资产负债管理委员会、金融科技发展委员会等 10 个委员会和 8 个管控部门。第二，公司将党建与治理工作进行深度融合。在管理层实行党员与非党员交叉任职，在决策机制上，将党委研究放到决策的前置程序，在责任制度上，将从严治党与从严治行结合起来。第三，公司改进对利益相关者的管理工作并不断加强信息披露程度。中国工商银行保持与利益相关者的高频率互动，并积极推动投资者结构多元化建设。同时，公司持续加强信息披露程度，严格遵守国内外信息披露监管规定，在 2019 年上证交易所信息披露年度考评中，中国工商银行获得 A（优秀）级。第四，公司全面推进从严治理，不断完善反洗

①② 中国工商银行．中国工商银行 2018 社会责任报告［R］．2019.

钱体系的构建，加强组织内部内审内控体系建设，预防贪污腐败事件的发生。[①]

2020 年，新冠肺炎疫情肆虐全球，作为一家国际经营的大型商业银行，中国工商银行也加入抗疫的行动当中。公司充分发挥国际化、综合化优势，全力保障疫情防控相关金融服务和居民日常金融服务。为了助力疫情防控工作，公司向抗疫防控机构捐款 3000 万元，公司员工捐款 7080 万元，公司党员捐款 1.28 亿元。除此之外，海外分行也举行了多次募捐活动，为抗击疫情提供了有效的援助。[②] 通过这些努力，中国工商银行改善了社会形象，加强了公司治理能力，为其在今后获得更加优秀的 ESG 评价打好了基础。

5.1.3 平安集团

平安集团成立于 1988 年，是中国第一家股份制保险公司，旗下有保险、银行、投资三大系列共 12 家公司。平安集团通过依托本土优势，实行国际化的先进管理，为全球 2 亿用户和 5 亿互联网用户提供金融服务。

平安集团很早就引入了 ESG 理念，开始关注环境、社会和公司治理三个方面因素，并在此领域做出了许多努力。作为一家金融公司，平安集团并没有产生过多的环境问题，在履行社会责任和处理社会问题上也一直表现得很出色。只是在公司治理层面上，曾经爆出一些负面问题。比如 2016 年平安集团卷入的“飞单”丑闻，平安银行内部有员工涉嫌违规推销私募理财产品，利用客户对银行的信任，私自偷卖其他公司的理财产品，以此获得高额回报。事情一经报道，引起了外界公众极大的不满，给公司带来了巨大的负面影响，并且造成了巨额损失。后经调查，平安集团已经不是第一次出现这种情况，早在之前其实就已经出现过多次类似事件。为了改善公司形象，避免此类事情发生，平安集团决定在 ESG 三个

---

① 中国工商银行．中国工商银行 2019 社会责任报告［R］．2020.

② 中国工商银行．全球抗疫——中国工商银行在行动［R］．2020.

方面做出更多努力。

在环境方面，平安集团主要推出了以下四项举措。第一，平安集团以金融和科技为核心，并以此来努力实现组织目标，推动城市和社区可持续发展。公司提出了“绿色建筑”理念，承诺所建造的所有大楼均会达到国家绿色建筑二星或者LEED同等标准。第二，平安集团倡导低碳排放，从自身做起，不断推出环境类保险项目促进全社会低碳发展。公司的目标是，到2020年碳排放相比2018年降低5%，到2030年相比2018年降低20%，并努力将全球气候变暖的增幅控制在2摄氏度以内。第三，平安集团参与到淡水资源保护的行动当中。在组织内部要求全体员工节约用水，在外公司积极参与到当地公共水资源设施建设当中。第四，平安集团倡导用新能源替代传统化石能源，不断推出新的能源保险和信贷产品来支持全球新能源事业的发展。①

在社会方面，平安集团主要做出了以下四点努力。第一，公司十分注重人权保护，将员工视为组织的重要资产，为所有的员工提供更好的发展平台和薪酬福利。2019年12月，平安集团推出了“ESG集团宣导周”活动，对员工进行职能和ESG理念培训，来促进员工的个人成长并有效理解ESG理念。除此之外，平安集团还设立了“员工帮助计划（EAP）”，全面协助员工解决生活和工作中遇到的各种困难。第二，平安集团投身到全国人口转型工作当中。由于我国人口逐渐老龄化，全社会老年人比例逐年增多，于是平安集团推出了老年人综合保险、大病保险、高发疾病转向险等多种保险，为众多老年人带来了多样化便捷服务，缓解了国家人口转型压力。第三，平安集团积极投身于社会公益事业，2020年上半年，公司为抗击新冠肺炎疫情累计捐赠达1.2亿元，捐助各类物品价值超过5300万元。除此之外，平安集团还积极响应国家“三村工程”扶贫工程，截至2020年6月，平安集团已经在全国21项扶贫工程项目中提供了超过249亿元的扶贫资金，援建了1054所公益学校。第四，平安集团严格遵

① 平安集团．平安集团可持续发展报告2019［R］．2020.

守相关法规和道德约束，专门制定了许多道德条例与管理办法来约束全体员工道德行为和商业行为，促进了高品质道德社会的建设。

在治理方面，平安集团主要推出以下几项举措。第一，公司将环境、社会和治理融入集团总体战略当中，在治理结构上采用四层治理结构方式：第一层为董事会，负责全面的 ESG 相关事务。第二层为集团执行委员会，负责识别 ESG 风险，并起监督作用。第三层为各职能部门，统筹集团可持续发展的内外工作。第四层为各职能单元和基础部门，负责最终落实相关 ESG 任务。第二，平安集团建立了与集团战略和 ESG 理念相匹配的风险管理体系，不断改善公司的风险管理框架，保证了公司的日常工作和 ESG 专项工作的开展。第三，是平安集团独具特色 AI 治理方式。公司将人工智能结合到日常运营管理当中，实现了跨时代的突破。该 AI 人工智能管理主要遵循五个原则：以人为本、公平公正、信息透明、安全可靠和人类管控。平安的这一举措推动了整个行业 AI 治理的发展。①

在 ESG 评价机构 Sustainalytics 给出的 2020 年最新评分中，平安集团的 ESG 风险评分为 26 分，风险评级为中度风险级别。在单项得分上，平安集团的环境、社会和治理得分分别为 1.8 分、8 分和 15.7 分。可以看出，平安集团在环境和社会问题上表现出色，然而却面临着较为严重的治理风险。但是这并不能否认近些年平安集团所付出的努力，在 2020 年颁布的中国企业 ESG “金责奖” 中，平安集团荣获了最佳公司治理奖和责任投资最佳保险公司奖，这都说明平安集团在 ESG 方面所采取的行动是有成效的，是被外界所认可的。

5.2 石油与天然气开采业

由于其特殊的行业性质，石油与天然气开采业往往在环境、社会和公

① 平安集团．平安集团 2020 可持续发展中期报告［R］．2020.

司治理方面受到更严格的要求。相较其他行业公司，石油与天然气开采业公司的业务会对环境产生更大的影响。石油与天然气开采企业的运营活动，尤其是化石能源的开采、生产、运输、存储和使用等各个环节的活动都可能破坏生态环境，并造成相关的社会问题。例如，1989 年埃克森公司所属油轮漏油事件和2010 年英国石油公司（BPAmoco，BP）的墨西哥湾钻井平台漏油事件都造成了严重的生态灾难，影响大量居民的正常生活和经济活动，带来劳动就业、饮水安全、环境保护和公司诚信等一系列社会问题。

石油与天然气开采业属于高利润行业，巨大的利益诱惑经常会导致该行业公司出现虚假陈述和贪污腐败等治理问题，给公司带来巨大的损失和不良的社会影响。这方面的典型案例包括 2001 年的“安然破产案”、2004 年的“荷兰皇家壳牌集团（Shell Group of Companies，壳牌集团）欺瞒股东事件”、2015 年爆出的“埃克森美孚（ExxonMobil）隐瞒气候风险事件”和近年来的“巴西石油贿赂腐败案”等。这些治理丑闻不仅给公司声誉带来了极大的负面影响，也造成了许多社会问题。

石油与天然气开采业的 ESG 风险可产生于其产业链的各个阶段。以石油天然气产业为例，其产业价值链的两个关键环节是勘探生产（Exploration and Production）和精炼营销（Refining and Marketing）。图 5. 1 给出了这两个环节所面临的主要风险类型和风险大小，其中星号数量代表风险大小，星号越多代表风险越大，星号越少代表风险越小。

最近几年，石油与天然气开采业处于萧条时期，许多公司的股价都跌破了历史最低值。在这样的低迷时期，石油与天然气开采业的许多公司决定将更多的努力用在 ESG 的三个方面，希望在环境、社会和治理三方面取得一些成绩，以便重新吸引投资者青睐，走出困境，同时推动企业向非化石能源业务转型。在这一节中，我们将介绍 BP、埃克森美孚和中海油集团三家公司在 ESG 方面的表现和措施。

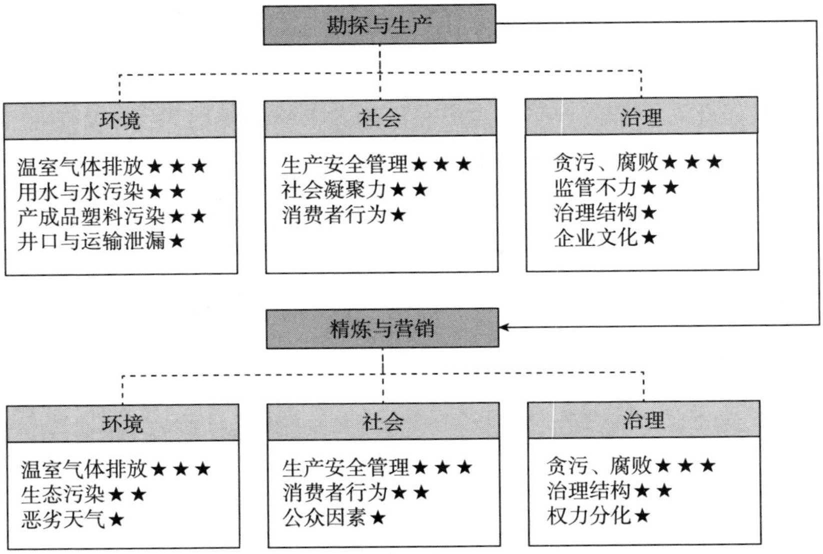

图 5.1 石油天然气产业的 ESG 风险分解

注：图中的星号数据依据标准普尔公司发布的行业风险报告给出。

资料来源：S&P Global Ratings. ESG Industry Report Card：Retail［EB/OL］. https：//www. spglobal. com/_media/documents/spglobalratings _ esgindustryreportcardretail _ may _ 21 _ 2019. pdf，2019（61）：1 – 12.

5.2.1 BP

2010 年发生的 BP 墨西哥湾“漏油门”事件给全球石油公司带来一个警示：石油公司出现生产安全问题会造成环境污染和生态破坏，并引发诸多社会问题。对于石油与天然气开采业来说，环境、社会和治理三者之间是相互关联的，公司应该同时关注“E”（环境）、“S”（社会）、“G”（治理）三个方面，特别是“G”（治理）因素。

BP 由前英国石油、阿莫科和嘉实多等公司重组而成，总部位于英国伦敦，是世界上最大的石油天然气公司之一。2010 年，BP 在墨西哥湾外海的一处油田发生了严重漏油事故，事件共造成 11 名工作人员死亡，并造成了附近海域的严重环境污染和生态破坏。“漏油门”事件给BP带来了巨大的经济损失和声誉影响。在事故发生后的一段时间里，多家ESG评价机构都提高了BP的ESG的风险级别。

“漏油门”事件带来的影响是空前的。BP公司本身需要承担当地生态环境修复的长期责任。“漏油门”事件让BP支付各项赔偿款数十亿美元。美国国会还通过修法大幅提高此类事件的赔偿限额。漏油事件产生的油污面积达9971平方千米。一些专家警告这有可能直接导致部分海洋物种的灭亡，影响全球生物多样性保护。[①]

“漏油门”事件暴露出BP在公司治理方面的三个主要问题。首先，BP的监管俘获（Regulatory Capture）造成监管失效（Regulatory Failure）或者公有性质的组织失效（Organizational Failure）。[②] 除了监管机构本身的失误外，BP以捐款、游说等合法手段俘获监管机构，最终造成监管失效，而BP则缺乏动力改变其高风险行为。其次是公司治理中的价值观偏差造成的私有性质的组织失效。BP管理层过于看重股东短期利益而忽视了安全问题的重要性，形成了一种脆弱的安全文化和狭窄的风险视野，严重低估ESG风险和系统性风险。在这种有失偏颇的企业文化下，BP未能从此前已经发生的一系列安全事故中吸取教训，仍然采用一种滞后和事后的个人安全（Personal Safety）文化，而非主动和预防性的流程安全（Process Safety）文化，并最终导致悲剧发生。最后是组织失效之外的高管失效（Executive Failure）。高管失效指公司高管在故意和知情的情况下做出选择，损害组织、其顾客以及环境（Perrow，2011）。当投资者更愿意相信公司首席执行官等高管而不是公司本身时，高管的个人风险偏好和激励架构往往凌驾于公司治理的结构和流程之上。在此情况下，公司治理

---

① 网易新闻．墨西哥湾石油泄漏事件——美国数十年最严重环境灾难［EB/OL］．http：//news.163.com/special/00014D2T/mxgwly.html，2010-05-01.

② 组织失效，是指有目的、有计划、有协调的现代理性组织，如何在外部环境压力和内部管理的异化或失误之下，其初始目的和功能被颠覆，甚至在管理和运作上陷入矛盾和混乱。参见童小溪，战洋．脆弱性、有备程度和组织失效：灾害的社会科学研究［J］．国外理论动态，2008（12）：59-61。

无法扭转高管不平衡的领导行为和优先事项，并可能给整个公司带来巨大损失（Thamotheram and Le Floch，2012）。在“漏油门”事件中，BP 高管的一系列错误决策未能得到有效纠正，并最终导致事故发生。

“漏油门”事件发生之后，BP 及时作出了回应：首先，BP 发生了高层人事变动，更换了执行总裁。新上任的执行总裁对污染海域采取了积极的补救措施，最大限度地减轻了事件所造成的污染和危害。其次，BP 加强了生产安全监管，对所有在用矿井进行了全面安全检查，清理了安全隐患。最后，也是最重要的，BP 在环境、社会和公司治理三个方面做出了许多努力，力图改变现状。依据 BP 发布的可持续报告，其在 ESG 三大领域内的投入如下所述。①

在环境方面，BP 推出了四项举措：第一，BP 建立了一套运营管理系统（OMS）来管理公司对环境的影响，包括对所有工作流程的实时监管。第二，在废弃工厂处理问题上，BP 开始倡导循环利用理念。例如，BP 在 2018 年拆除的一个海上钻井需要处理将近 4 万吨的钢铁材料。最终，BP 通过循环处理技术将其中 97% 的钢铁重新回收利用。第三，BP 认识到生物多样性与气候变化之间的重要内在关系，于是规定今后公司在开展任何业务活动前必须对当地生物多样性进行全面考察，旨在避免破坏当地生态系统。第四，BP 一直着力于淡水资源的保护。公司尽量避免将开采单位设立在淡水压力过高的地区。资料显示，BP 公司旗下 26 个主要开采单位中，只有 4 个处于淡水压力过高的地区。同时，BP 每年都会审查淡水风险，并据此决定下一自然年的淡水用量和用水政策。此外，BP 也通过研究冷却塔操作新技术，提高了冷却水防腐蚀效率，极大减少了对淡水的消耗。监测数据显示，BP 每年可以减少使用 27 万立方米的淡水。

在社会方面，BP 做出了三方面的努力：第一，BP 加强了对公司员工的人权保障。漏油事件发生后，BP 一直努力为员工打造一个安全、健康

① BP. BP Sustainability Report 2019 [R] . 2020.

和有保障的工作场所。公司赋予员工权利，制止运营过程中出现的任何不安全或错误操作行为，并强调所有员工都有责任和义务保证自己和彼此的安全。第二，BP建立了一支多元化的员工队伍，并与其建立了长期可信赖的关系，以便更好地应对复杂挑战。多元化的员工队伍不仅体现在优秀人才多元化上，还体现在员工性别比例和种族比例多元化上。BP在近些年不断提高女性员工占比。截至2019年，BP的女性员工已经占到所有员工的38%，并且担任许多的重要岗位工作。在种族比例方面，BP的少数族裔员工占所有员工的28%，占领导层的22%。BP不断改进种族问题政策，努力构建更加包容的工作环境。第三，也是最值得称道的，2018年，BP发布计划，拟将年度现金奖金（Annual Cash Bonus）与可持续减排目标（SER）挂钩。这意味着，包括公司高管在内的约37000名员工，将依照其对公司低碳排放目标的贡献而获得激励和报酬。2020年2月，BP进一步宣布，将增加员工报酬中与SER挂钩部分的比重。这项规定有助于提高员工的可持续发展意识，促使公司培育以可持续发展为核心的企业文化。

在治理方面，BP推出了四项改进举措：第一，高管开始将“可持续性”作为管理目标，并在董事会授权下将气候相关的问题的评估和管理嵌入BP各层面中。第二，BP的董事会和高管每年都会评估集团的主要风险和不确定性，并确定来年需要由董事会及其特别委员会特别监督的长期战略风险和高优先级风险。值得一提的是，2019年BP年报中所确定的2020年特别监督风险，比前一年度增加了“气候有关风险”。① 第三，BP建立了一套运营管理系统，其作用是管理运营生产中的潜在风险，保证公司各项活动的顺利进行。第四，BP与国际油气生产商协会（IOGP）和同行业其他企业开展合作，利用第三方来评估自身设施所存在的外部风险，包括恶劣天气事件和气候变化所带来的潜在影响。

在ESG评价机构Sustainalytics给出的2020年最新评分中，BP的ESG风险系数评分为37分，ESG风险级别为中风险级别，说明公司依然没有

① BP. BP Financial Statement 2019 [R]. 2020.

完全摆脱十年前的“漏油门”事件所造成的恶劣影响。在环境风险、社会风险和公司治理风险的单项得分上，BP 分别得到了 17.5 分、10.4 分和 9.4 分，可以看出，BP 在公司治理问题和社会问题上有所改善。但是对于一家能源公司来说，BP 在处理环境问题的道路上仍然面临着非常严峻的挑战。

5.2.2 埃克森美孚

埃克森美孚因为受到整体行业金融环境的影响，股价在近些年一直处于下跌状态。2015 年，埃克森美孚更是被爆出隐瞒气候风险的丑闻。这对于处于“低油价”糟糕期的埃克森美孚无疑是雪上加霜。1989 年，当时还未与美孚石油合并的埃克森石油发生了一起安全事故，公司的油轮在运输途中发生泄漏，给当地生态环境造成巨大的破坏，并带来了一系列社会问题。这一事件也暴露了石油公司在环境问题上的隐患。

埃克森美孚由美孚石油与埃克森石油合并组成，是世界最大的非政府石油天然气生产商，业务遍布全球六大洲，在全球众多国家拥有生产设施和销售渠道。1989 年，埃克森的一艘石油运输油轮在美国阿拉斯加州发生了触礁事故，26 万桶原油流入海水中，污染海域面积达 3367 平方千米，破坏 965 千米长的海岸线，造成众多海洋生物死亡。这起事故成为当时北美最大的漏油事件，也导致埃克森公司被美国政府列入“公关名人堂”的黑名单。经调查，导致此次事件的直接原因是当时的船长醉酒驾驶。这在当时社会引起轩然大波，外界一度非常质疑埃克森公司的治理能力。2015 年，两家公司合并后的埃克森美孚再次曝出丑闻：一名气候专家的电子邮件被曝光。邮件内容显示，埃克森美孚早在 1981 年就了解到气候变化与石油与天然气开采之间的关系，但是出于对自身利益的考虑，公司选择对公众隐瞒这一关系。丑闻一经报道，给埃克森美孚带来了巨大影响，最直接的损失是公司股票暴跌。除此之外，这一丑闻还给公司的名誉带来了极大的负面影响，使公司失去了公众和同行企业的信任。分析表明，造成这次事件的根本原因同样是公司治理问题，正是管理层的错误决策导致了事件发生。为了应对此次丑闻事件，扭转股票表现长期低迷的局面，埃克森美孚决定在ESG方面发力，试图依靠在环境、社会和治理方面的出色表现来重新吸引投资者的青睐，以此来帮助公司渡过“寒冬”。

在环境方面，埃克森美孚主要在以下两个方面做出努力：第一，公司通过对运营排放的管理作出承诺，有效降低人类居住的气候风险。同时，公司不断研究新的生产技术，并在产品换代中推出更为先进、清洁和环保的产品。埃克森美孚在过去20年的经营中，已经在减少排放技术领域投资了近100亿美元，在实现高效率的运营的同时，也消除或避免了超过4亿吨的二氧化碳当量排放。① 第二，埃克森美孚发布了“低碳未来”倡议，制订了短期与长期计划。从短期来看，首先，埃克森美孚扩大了清洁天然气的供应，减少了化石燃料的消耗，降低了污染物的排放。其次，埃克森美孚通过开发新技术为客户提高了能源使用效率，降低了成本和能源消耗。最后，埃克森美孚积极响应全球相关的环境政策，通过在生产活动中不断降低资源消耗和成本来改善全球环境。从长期来看，首先，埃克森美孚利用藻类和纤维生物积极开发先进的生物燃料用于商业运输，努力在未来实现零排放运输。其次，埃克森美孚试图将碳的捕捉与封存技术应用到工业活动中，以此来降低全球碳排放量。

在社会方面，埃克森美孚一直积极参与利益相关者的管理，并通过与全球非营利组织的合作，来不断解决其所在社区面临的挑战和机遇。例如，埃克森美孚在非洲与教育发展研究院合作开展了一个项目，该项目的目标是通过大量使用经过杀虫剂处理的蚊帐，来减少疟疾在撒哈拉以南等地的影响。除此之外，埃克森美孚还非常注重人权保护，致力于维护员工和公众的健康与安全。

在治理方面，埃克森美孚认为良好的公司治理不仅可以保证公司健康运行和发展，还能创造出有利于公司价值增长的商业环境。为了更好地实现企业在安全、健康和环保的方面所承担的社会责任，埃克森美孚成立了

① Exxonmobil. 2019 Summary Annual Report［R］. 2020.

外部可持续发展咨询小组，小组的成员由专家、非政府组织代表和前政府官员组成。这些成员在环境、社会和治理问题上都有着丰富的经验和专业知识。外部可持续发展咨询小组的主要任务是独立审查公司的可持续发展活动，收集和分析组织外部相关 ESG 的方法与观点，并依据这些来为公司 ESG 活动决策提供建议。

在 ESG 评价机构 Sustainalytics 给出的 2020 年最新评分中，埃克森美孚的 ESG 风险评分为 32 分，ESG 风险评级为中风险级别。在单项得分上，环境风险、社会风险和治理风险得分分别为 15.7 分、8.9 分和 7.7 分。这表明埃克森美孚已经较好地解决了公司治理问题，并且改善了 1989 年和 2015 年丑闻事件所带来的不良社会影响。但是在环境治理问题上，埃克森美孚和壳牌集团一样，依然面临许多问题。

5.2.3 中海油集团

中国海洋石油集团（以下简称中海油）成立于 1982 年，总部位于北京，是中国最大的海上油气生产商，隶属中国中央管理。中海油业务共涵盖了油气勘探开发、专业技术服务、炼化与销售、天然气及发电和金融服务五个领域。

中海油是中国最早引入 ESG 理念的公司之一。经过多年的发展，公司的可持续发展能力得到了显著的提升，连续 16 年获得国务院国资委发布的中央企业负责人经营业绩考核 A 级评级。中海油为了践行 ESG 理念，开始倡导绿色低碳发展战略，不断转型发展方式，努力成为绿色清洁能源的提供者和可持续发展的推动者。在海外，中海油在严峻的竞争环境下依然保持着良好的经营业绩，多次获得海外贡献奖和安全施工奖。同时不断推进国家“一带一路”的建设，助力全球的可持续发展进程。近些年，在环境、社会和治理三个方面，中海油做出了许多的努力，并取得了诸多的成效①：

① 中海油．中海油 2019 可持续发展报告［R］．2020.

在环境方面，中海油主要在以下四个方面做出努力。第一，中海油制定了三个总体的行动目标：到2020年底，绿色低碳指标要做到全国领先水平。到2035年，绿色低碳整体指数水平要达到国际先进水平，基本完成全面绿色体系建设。到2050年，绿色低碳整体指数水平要达到国际领先水平，全面完成绿色体系建设并建立中国特色国际一流清洁能源企业。第二，中海油投身到环境治理行动当中，推出多项举措来开展环境防治工作。中海油开始对公司旗下所有的加油站地下有防渗进行改造工作，以防对当地土壤的污染，目前已经全部实现改造。同时，公司还制定了《固体废弃物管理规定》，通过从源头、过程和末端的控制，在2019年处理陆上危险废弃物11.7万吨，海上危险废弃物2.7万吨。第三，公司倡导对水资源的保护，实施节水行动，并创新开发了多项节水技术。比如中海油的"涠洲12－8W/6－12"油田，通过改进技术，将废弃的空调冷凝水和天然雨水用于对基础设施的清洗和厕所用水，大大减少了对于淡水资源的消耗。仅2019年，公司减少使用淡水资源达90.7万吨。第四，中海油秉持着与生态环境共同可持续发展的理念，在保护生物多样性的行动上也在付出努力。公司成立了公益基金，资助国内的科研人员开展"秘境之眼"调查项目，该项目在国内8个自然保护区开展专项调查，有助于保护生物多样性并使公众增进了对于生物多样性保护的了解。此外，2019年中海油投资1000万用于渤海渔业资源修复，改善了当地生态困境。

在社会方面，中海油主要推出了以下几项举措。第一，中海油实行的是"人才兴企"发展战略，始终将人才视作公司最宝贵的资源。公司不仅为员工提供了诸多权益保障和福利政策，还为员工提供了数字化体验，通过App为所有员工，特别是海外员工提供24小时服务，包括平日学习、福利查询、绩效考核等诸多内容。第二，中海油投身于社会公益事业当中，开展精准扶贫，不断帮助改善贫困地区人民的生活质量。截至2019年，公司已帮助四个贫困县脱贫摘帽。除此之外，中海油在2003年成立了大学生助学基金，开始资助贫困大学生，截至目前，资助金额已达5000万元，帮助超过15000名贫困大学生实现了求学梦。第三，中海油积极融入所在社区，造福于民，将公司的资源与社区共享，开展社区共建工作。比如中海油与所在社区政府协力合作，开展海上救援行动。仅2019年，就救助了829名人员，19艘船舶。

在治理方面，中海油主要推出了三项举措。第一，公司坚决贯彻合规经营理念，响应国家防范化解重大风险的部署，不断提高公司的治理水平。2019年，中海油进出口公司还被评为“年度信息化风险管理领先企业”。第二，公司开展多项整治贪污腐败工作，保持打击腐败的高强度模式，坚决扼杀贪污念头。同时公司不断健全内部监督体系，充分发挥巡查监督作用，确保领导者运用权利受到有效的监督和制约。第三，公司加强内部风险防控，开展多次内部审计工作，不断加强内部信息化建设。2019年，审计部门审计了全公司317个项目计划，出具了277份审计报告，提出了审计发现1582个，为公司创造直接经济效益7.03亿元。

虽然中海油在环境、社会和治理三个方面做出了许多的努力，但是由于受到行业的限制，公司依然在环境方面存在一些问题，作为一家油气公司，这是难以避免的。在ESG评价机构Sustainalytics给出的2020年最新评分中，中海油的ESG风险评分为42分，ESG风险评级为中度风险级别。其中，环境、社会和治理单项得分分别为20.2分、10.9分和10.2分。由此可见，中海油仍然需要在环境改善问题上做出更多的努力。

5.3 采矿业

采矿业与石油和天然气开采业较为相似，矿石的开采、生产、运输、存储和使用等各个环节的活动都可能破坏生态环境并造成社会问题。在环境方面，采矿活动会向外界释放大量的有毒气体与物质，包括二氧化碳、氮氧化物、颗粒物质等。在地下开采活动中，还面临碎石和矿石处理问题，这些都可能会对生态系统产生不良影响。在社会方面，采矿业主要面临的风险是安全管理风险：在开采活动中会用到许多大型高危设备，极有可能产生较大的安全事故。在公司治理方面，采矿业的治理风险一般由公司文化、治理结构和公司所在地决定。在这一节中，我们将介绍 Polymetal 和中国五矿集团两家公司在 ESG 方面做出的努力。

5.3.1 Polymetal

Polymetal 是俄罗斯的一家采矿业公司，也是全球十大黄金生产商之一。作为一家矿石开采公司，迄今为止，从来没有发生过一起安全事故，并且在环境、社会和治理三个方面表现都非常出色。2019 年，MSCI 的 ESG 评价机构将 Polymetal 的评分级别从“BBB”提升为“A”。同年，ISS - Oekom 将 Polymetal 的评级从“C”提升到“C +”，这反映了该公司在环境、社会和治理指标方面的进步趋势。在 ESG 评价机构 Sustainalytics 给出的 2020 年最新评分中，Polymetal 的 ESG 风险得分为 20 分，ESG 风险评级为中风险级别。在单项得分中，环境风险、社会风险和治理风险得分分别为 7.9 分、7.8 分和 4.6 分。这是一个非常出色的成绩，表明 Polymetal 一直保持着良好的 ESG 投资水平。Polymetal 在环境、社会和治理方面所做的努力被外界予以肯定，这对于一家采矿业公司来说尤为难得。Polymetal 的 ESG 努力主要包括：

在环境方面，Polymetal 采取了五方面举措：第一，公司开发了环境管理系统（EMS）。该系统是一切开采活动的基础，公司会定期检查各个矿井的环境指标，并时常邀请国际专家来进行辅助工作。第二，为了增强公司环保意识，Polymetal 从 2019 年开始每个月都会发布一次《绿色秘诀》报告，披露这一个月中公司推出了哪些“绿色”举措，同时向全社会征集有关可再生能源的建议，以此来不断提高公司“绿色治理”能力。[①] 第三，Polymetal 积极响应低碳经济，推出了许多实现净零排放的项

---

① Polymetal. Official website of polymetal [EB/OL]. https://www.polymetalinternational.com/en/sustainability/sustainability-faq/, 2020-10-29.

目。比如，最近公司正在评估的一个项目计划用 274 千米的输电线路来替代之前的柴油发电机。如果成功的话，此举将为公司减少大量的柴油消耗，并且可以促进可再生能源的发展。第四，由于公司的一些核心开采工作会产生大量的氮、硫、无机粉尘等污染物，严重影响当地生态环境，于是 Polymetal 也努力改进灌溉、除尘和防护技术，使用更先进的现代开采设备，以期减少污染物的排放。第五，针对处理废弃矿井时所造成的土地污染、环境污染等问题，公司开发了矿井关闭管理系统。该系统要求，关闭矿井时必须采取负责任且绿色可循环的科学方法，确保为矿井关闭提供足够的财政支持，尽最大可能减少对当地土壤和生态环境的破坏。

在社会方面，Polymetal 主要在三方面做出努力：第一，Polymetal 通过社区投资体现社会责任。2019 年，公司在地方社区的投资超过 1500 万美元，近五年累计投资已超过 4500 万美元。这些投资涉及医疗保健、教育、基础设施和文化等各个方面，为地方社区发展做出了巨大贡献。Polymetal 还会定期收集社区的反馈信息来监控公司行为对社会的影响，并为下一年社区活动提供决策依据。2019 年，Polymetal 的社区反馈调查涉及 16 个地区的 1164 人，总共举办了 77 次会议或听证会。第二，Polymetal 倡导负责任的采购，针对供应商，公司会进行严格的评估审查，并定期进行反馈。2019 年，公司评估了 7698 个潜在承包商，最终发现有 320 家是不合格的。除了审查严格之外，Polymetal 还尽可能与地方供应商合作，特别是在一些偏远地区和极端天气地区，这样做既可以带动当地的经济发展，也可以节约公司采购的运输成本。数据显示，2019 年公司采购支出的 56% 用于和当地供应商的合作。第三，不仅是公司本身，Polymetal 还积极鼓励员工参与到社会和环境志愿者活动当中。工会定期组织捐款活动和社区志愿者服务活动。2019 年，公司的员工参加了至少 70 次的志愿活动。

在治理方面，Polymetal 主要在两方面做出努力：首先，为了将可持续发展的理念渗透到企业文化中，Polymetal 在集团首席执行官的关键绩效指标（KPI）中添加了 ESG 指标，并将这些指标下放给所有员工，使所有员工参与到公司的可持续发展计划中来。其次，在公司治理结构上，所有可持续发展计划都由公司首席执行官负责，并受到董事会级别的委员会监督。同时，公司成立安全可持续发展委员会、薪酬委员会、提名委员会和审计与风险委员会，每个委员会各司其职。其中，安全可持续发展委员会负责记录集团各项环节的安全因素，监督具体项目和计划的实施，确保公司以安全、道德和透明的方式开展日常工作；薪酬委员会在可持续发展的基础之上为管理层设计职位框架并制定薪酬政策，保证管理层的工作获得合理的报酬；提名委员会负责推荐董事会及各项委员会的成员名单，尽量确保个人能力、道德、性格和多样性之间的平衡，这有助于培育和发展健康可持续的企业文化；审计与风险委员会是一个独立的机构，不受任何人和机构的控制，一般由具有丰富管理经验的非执行董事组成，主要职责是保证整个公司内部纪律性和透明性，预防贪污腐败事件的发生。

Polymetal 是在 ESG 方面表现最出色的采矿业公司之一。Polymetal 在 ESG 投资的成功向行业内其他公司证明：采矿业的公司有可能也有能力打破行业缺陷，在环境表现上做到与社会表现、公司治理表现一样出色。

5.3.2 五矿集团

五矿集团是直属于中央管理的大型国有企业，由原中国五矿和中冶集团合并而成，总部位于北京。最近几年，五矿集团坚持使用多元化的运营战略并构造了一个庞大的运营销售网络，业绩突飞猛进。

在服务社会和改善公司治理方面，五矿集团表现出色，推出了诸多举措并取得了显著成效，获得了外界一致的好评。然而在环境方面，五矿集团却屡屡被曝出问题。比如五矿集团旗下控股子公司营口中板有限责任公司多年来长期排放超标，给当地居民生活带来巨大的困扰并对当地环境造成严重污染。虽然五矿集团在 2005 年就宣称要改善排放问题并更换绿色燃烧设备，但是却一直未付诸实践。除该子公司外，五矿集团还有许多旗下公司被曝出生产环境问题，比如集团旗下鲁中矿业违规使用崩落法采矿导致出现大面积的土地塌方；五矿稀土公司存在大量氯化氢等有害气体排放，被责令整改后依然没有任何举措；南昌硬质合金公司采用违规方法向当地河流排放了大量有害物质，严重危害了当地居民的正常饮水。2017年，中央环保督察组在对湖南进行督查时公开点名批评了五矿集团在环境方面存在的许多问题（湖南省关于中央第六环境保护督察组督察反馈意见整改落实情况报告）。之后几年虽然五矿集团在环境方面做出了一些努力，但是仍然存在许多突出问题，并没有起到一家大型国企应有的模范作用。2020 年，五矿集团再次受到了生态环境部的点名批评（中央第七环境保护督察组向中国五矿集团有限公司反馈督察情况），责令其加快解决生态环境问题。

其实五矿集团为了成为世界一流的金属矿产集团，在环境、社会和治理三个方面做出了大量的努力（中国五矿集团，2020），这也是其在采矿行业一直高效保持竞争力的主要原因之一。在环境方面，五矿集团主要做出了以下四点努力。第一，五矿集团坚持以创新来驱动发展的运营思路，不断提高公司可持续发展力和核心竞争力。公司构建了多个科研平台，与众多科研机构和人员共同展开研发，着力研究新科技，不断降低能耗并提高产量。2020 年，五矿集团举办了“可持续矿产供应链国际论坛”，与众多可持续发展领域的权威机构达成了伙伴关系。第二，五矿集团倡导绿色经济，不断降低碳排放。比如五矿集团的“冶金低热值燃气高效清洁智能发电技术及产业化”项目的成功，每年为公司带来的经济效益可以高达 250 亿元。此外，五矿集团积极倡导废物废气回收利用，并于 2020 年建立了全国首个采用隐藏式设计的垃圾综合处理项目——雄安新区垃圾综合处理项目。第三，五矿集团实行保护环境战略，公司 2019 年颁布了《节能环保工作指导意见》，将治理污染和保护环境作为公司的一项基本公司制度。同时，五矿集团还定期对全体员工进行环保知识培训，确保将保护环境的理念贯彻到组织内所有人心中。第四，在水资源保护上，五矿集团也在作出行动。比如五矿集团在安徽滁州的水环境治理项目，该项目从以下六个方面来进行水资源保护：水资源、水安全、水环境、水生态、水文化和水经济。通过对水资源的保护解决了城市发展所面临的水问题，促进了城市的可持续发展。

在社会方面，五矿集团主要在以下四点做出努力。第一，五矿集团为了使人民的生活更加丰富美好，提出了美好智慧城市方案和美好乡村方案，让智慧融入日常生活的方方面面，为人民提供众多生活便利。比如广东梅州粤东农业特色互联网小镇项目和贵州铜仁九龙洞风景名胜区升级改造项目等。第二，五矿集团与利益相关者保持紧密联系，倡导合作共赢理念。五矿集团对合作商倡导发展健康绿色产业，并打造了一条具有可持续性的产业链。对客户，五矿集团努力提供更加优质的服务，提出了“37度”服务体系，努力给客户营造家的氛围，提供有色彩的生活，有温度的服务。第三，五矿集团在社区展开多项活动，为社区提供了诸多服务，努力扮演“好邻居”的角色。2019年，公司各项公益捐助达到883万元，通过举办“国企开放日”、志愿者主题活动、关爱自闭症儿童活动等，参与到社区的建设和维护当中。不仅如此，五矿集团还在海外社区行动着。比如公司联合海外合作商推进“一带一路”的建设，经常举办文艺晚会、“合作交流周”来加强文化交流，并持续改善社区卫生安全状况等。第四，五矿集团非常注重人权保护，倡导平等雇佣关系。在管理上，公司实行民主管理，不断探索符合当今实际的民主管理机制。同时，公司给予员工更多福利，这不仅体现在薪酬上，还体现在员工个人发展层面，公司会经常对员工进行智能培训和教育培训，充分激发员工的潜力和活力。

在治理方面，五矿集团强调生产运营安全，主要推出了三项举措。第一，公司不断改进安全治理，将安全生产放在一切工作首位。首先，公司成立安全环保技术服务中心，全面加强安全监督与管理。其次，公司成立应急指挥中心，提供应急处置能力，并时常举行应急演练活动。第二，五矿集团重视现场监管力度，时常对开采工作进行突击检查，实现隐患及时发现、及时改正和及时上报常态化。第三，公司努力营造维护安全的企业文化和安全的生产工作环境，通过举办“生产安全月”活动、安全培训教育活动和“大比武大练兵”技能竞赛，不断提升员工安全素养。

对于采矿行业公司来说，环境因素和社会因素是制约其ESG评价的重要指标。ESG 评价机构在对公司进行评级时，会着重考虑这两个因素。因此，五矿集团在环境方面存在的诸多问也直接影响了 ESG 评价机构对其评分。在标准普尔 2019 年的 ESG 评级报告中，中国五矿集团被评为 BBB + 级，这是一个中规中矩的成绩。这样的评级更多得益于五矿集团出色的公司治理能力以及在海外出色的业务执行能力。和五矿集团相似的还有英美资源集团与巴里克黄金公司，标准普尔将它们评级为 BBB 级。这两家采矿公司在公司治理和社会风险方面表现非常出色，但都曾在环境方面多次暴露问题。比如英美资源集团在巴西进行的绿地铁矿石项目发生的有害物质泄漏事件与巴里克黄金公司在阿根廷出现的多次氰化物泄露事件，给当地生态环境造成了恶劣影响。与它们形成对比的是必和必拓集团与力拓集团。这两家采矿公司不仅有出色的公司治理能力和良好的社会表现，还在环境方面表现优异，并制定了有效的可持续发展目标。因此，标准普尔将它们评级为更出色的 A 级。

由此可见对于采矿行业公司来说，环境与社会仍然是最为重要的两个因素。如果要想成为一家出色且成功的采矿公司，在保证企业快速发展的同时解决好当地环境问题是最为关键的一环。

5.4 电力供应业

中国国家电网（以下简称国家电网）成立于 2002 年，是由我国中央直接管理的国有独资公司，核心业务是投资建设运营电网和服务国民。据资料显示，国家电网的经营业务区域已经覆盖了全国 88% 的国土面积，供电人口已达 11 亿，占全世界人口的 14%。在 2020 年最新《财富》世界 500 强最新排名中，国家电网高居第三。

在 ESG 评价机构 Sustainalytics 给出的 2020 年最新评分中，中国国家电网的 ESG 风险评分为 34.6 分，处于一个较高的风险级别，这一定程度上源自于其行业的特殊性。当前我国供电依然存在采用燃烧发电的方法，这一方法产生的废气、废物会对当地环境生态系统造成很大的影响。因此，为了摆脱行业限制，也为了成为具有中国特色的全球能源领先者，国家电网在ESG的三个方面做了许多努力。在2020年《中国经营报》举办的中经能源绿色创新力评选活动中，国家电网荣获“绿色可持续发展奖”；在2020年中国企业ESG“金责奖”评选中，国家电网还获得了年度企业扶贫贡献奖，这体现了国家电网在可持续发展和履行社会责任的道路上在不断前行着。

在环境方面，国家电网提倡发展新能源，主要推出了以下四项举措。第一，要全面加强新能源电网建设，不断提高新能源占比，倡导绿色发展。比如在2017年国家电网建成的新疆三塘湖—麻黄沟东线路工程，有效地向新疆省外输送新能源电力超过500千瓦。此外，在2017年，国家电网为了探索新能源发展道路，在青海开展连续168小时使用新能源供电，最终新能源发电占实时负荷比达93%，创造了新的世界纪录。第二，国家电网不断改善调度运行，提高电网平衡能力。为了做到设备和资源共享，加强协同效应，国家电网推出了“风、光、水、火”优化运行的理念，大大提升了效率。同时国家电网对全国基站施行统一调度，建立区域旋转设备和资源共享机制，加强了省与省之间的电力输送联系。第三，国家电网不断作出技术创新，成立专门研发机构并吸引诸多高科技人才，对新能源开发进行重大课题研究，并取得了诸多的成果。这促进了我国新能源产业的发展，并减少了传统能源消耗对生态环境的影响。除此之外，国家电网不断加强国际合作，和国外许多国家建立合作友好关系，定期举行合作商讨会议，共同应对新能源发展所带来的各种挑战。第四，国家电网积极响应中国共产党十九大报告和中央经济会议，努力构建低碳、安全高效的能源体系。为此，国家电网制定了许多目标。例如到2020年底，全国新能源发电装机容量要达到9.3亿千瓦以上。同时，国家电网还推出了多项有关太阳能发电项目，例如光伏“领跑者”计划、光伏发电、“光

伏 +”综合利用工程等。①

在社会方面，中国国家电网主要在以下五个方面做出努力。第一，国家电网对用户负责，不断改进服务质量。通过线上线下营业厅，公众号、APP 等方式，提升了公司的信息透明度并为客户提供差异化服务。为了给予用户最好的消费体验，国家电网对所有员工提出了“十不”准则，最大可能去满足用户一切需求。第二，国家电网对合作伙伴持负责任的态度，与合作伙伴共同发展进步。国家电网与多所国内知名大学展开合作研究，共同申报国家重点研究项目，实现合作共赢。同时，国家电网推行负责任的采购，保证了所有合作商的利益。第三，国家电网对公司员工负责，对员工进行管理时提倡民主管理，坚持以人为本。公司会定期举行员工代表大会，让员工的声音能传递到公司的领导层。除此之外，国家电网实施人才强企战略，不断引进并自主培养高尖技术人才，不断激发组织活力。第四，国家电网对所在社区积极履行社会义务，为所在社区提供保障配套电网建设，让每家每户都可以用上电。在脱贫攻坚难题上，国家电网也做出了自己的努力。公司通过搭建平台，采用扶贫与扶智相结合的方法，对所在社区脱贫工作起到了重大作用，比如“援藏”“援疆”“援青”计划。第五，国家电网积极投身于社会公益事业当中。2019 年，国家电网各项公益事业捐赠达 54 亿元，这些捐赠涵盖了医疗、教育、助残、环境保护、“援疆、援藏、援青”项目等诸多方面。②

在治理方面，国家电网主要推出了以下四点举措。第一，公司制定了严格的监督制度，同时将组织外部适合本组织的监督框架引入内部监督框架当中，不断进行完善。第二，国家电网努力推进国有企业改革和混合所有制改革，从自身做起，并在改革与发展中寻求最佳平衡点。第三，国家电网全面推进电力制度改革，其中包括电力市场的全面建设、增量配电市场改革和输配电价改革。这三个方面协同推进，使我国电力行业稳重向前

① 国家电网．国家电网促进新能源发展白皮书 2018［R］．2019.

② 国家电网．国家电网社会责任报告 2019［R］．2020.

进步。第四，国家电网不断改进治理体系，努力探索适合现代企业的现代管理框架。首先，使组织内部管理团队年轻化，完善经理人聘用制度。其次，公司不断推进“放管服”落地，充分调动组织内基层岗位积极性和创造力。最后，公司深入推进所有员工绩效管理，对每一个员工的绩效进行考核，实行动态监控和反馈，保证整个组织的有效运行。

因为国家电网是一家大型国有企业，所以通常在治理层面和社会层面上不会出现过多的问题。但是由于行业所限，国家电网较容易在环境上产生问题，这也需要其在今后的发展中不断推出更多有效的举措来避免。至少从目前来看，国家电网付出的努力是值得肯定的。

5.5 信息传输、软件和信息技术服务业

信息传输、软件和信息技术服务业（以下简称信息业）所提供的产品和服务大多是在线上完成，通常不会对环境造成影响。但是在互联网盛行的今日，这一行业的公司会对社会产生更大的影响。一旦公司在治理上出现问题，通常都会引起严重的社会问题。因此，高科技公司通常被外界在公司治理和社会问题上予以严格的要求。在这一节中，我们介绍了 Facebook、软件外包商 Infosys 和阿里巴巴三家公司在 ESG 方面的表现。

5.5.1 Facebook

Facebook 的用户隐私泄露丑闻给全球进行 ESG 投资的公司带来了一个警示：公司治理出现问题不仅会给公司带来巨大的损失和负面影响，还会引起诸多社会问题。面对危机事件，公司的领导者应该及时作出反应采取补救措施。

Facebook 是全球最著名的社交软件之一，在全球拥有超过 9 亿用户，其创始人为马克·扎克伯格，现担任公司的首席执行官。2018 年，Facebook 被曝出巨大丑闻，公司涉嫌泄露大量用户隐私数据。这样的丑闻对于一家网络科技公司来说非常致命。目前，包括标准普尔 500ESG 指数（S&P500 ESG Index）在内的多家 ESG 评价机构已经将 Facebook 从名单中去除。[①] 同时，多家投资公司已经开始出售或考虑出售所持有的 Facebook 的股份，因为投资者们会经常使用 ESG 评分来作为投资决策的考量标准。Facebook 这次丑闻事件已经严重影响了 ESG 评价机构对其进行的 ESG 打分，许多投资者们已经不再信任 Facebook。

Facebook 的 ESG 评分由 Morningstar 旗下的 ESG 评价机构 Sustainalytics 提供。我们可以看到，在最新的 2020 年 ESG 评分中，Facebook 的 ESG 风险得分为 31 分。这已经是一个比较高的风险数值，说明公司依然处在一个较高 ESG 风险的级别。这表明，2018 年用户数据泄露事件后 Facebook 的糟糕处境没有得到根本扭转。Sustainalytics 将 Facebook 的 ESG 风险评级从 3 级降到 4 级，即第二差的级别。在单项得分上，环境风险、社会风险和治理风险得分分别为 1. 4 分、17. 7 分和 12. 3 分。Facebook 在环境风险得分上比较低。这也比较符合信息业的特点，因为这一行业并不会涉及太多环境方面的问题。但是，Facebook 的社会风险和治理风险的得分却非常高。这表明，Facebook 面临着非常严重的社会问题与公司治理问题，如果不及时解决，可能还会造成更严重的后果。

2018 年的 Facebook 数据泄漏事件导致至少 8700 万用户的个人隐私泄露，暴露出公司治理的问题。Facebook 不仅受到公众和社会舆论谴责，还面临来自美国国会、劳工部、司法部和州检察长联盟的一系列调查。越来越多的人呼吁取消对其法律保护，要求公司向公众披露更多的信息，保持更高的透明度。

面对公司受到的负面评价，Facebook 的首席执行官扎克伯格似乎并没有太过担忧。至少从目前来看，他还没有采取任何有效措施来解决公司面

① Points K E Y. Facebook Gets Dumped from an S&P Index That Tracks Socially Responsible Companies ［EB/OL］. https：//www. cnbc. com/2019/06/13/facebook – dumped – from – sp – esg – index – of – socially – responsible – companies. html，2020：1 –5.

临的诸多问题。扎克伯格更愿意行使绝对的话语权，这对于一家大型国际公司来说是致命的。越来越多的研究表明，治理水平较高的公司通常都会比治理水平较弱的公司在ESG评分上表现更出色（Kaissar，2020）。对于Facebook来说，应该有一股力量来制衡扎克伯格的权力，在其作出错误决策时予以及时纠正，避免公司走上错误道路。一名卓越的管理者所作出的决策应该同时兼顾股东、员工、客户等所有利益相关者的权益。

Facebook并不仅在这次用户数据泄露事件中表现糟糕，在其他许多方面也存在着问题。美国科技媒体网站The Verge的视频很早就曝光过员工在Facebook工作所面临的巨大压力。特别是负责视频审查的员工，同时面临着低薪和高压力的工作环境。这样巨大的工作压力带给员工很大的心理负担，甚至导致一名员工在工作中丧生。除此之外，还有许多人正遭受或多或少的创伤后应激障碍。面对这样的情况，Facebook并没有采取有效的措施来保护其员工。除此以外，Facebook在道德治理方面也做得不尽人意。数据泄漏丑闻曝光后，Facebook一直采取被动姿态，而不是努力去弥补损失，重新赢回客户和社会的信任。当前，Facebook和很多公司签署了合作项目。如果其不能及时改变和应对，很难让合作伙伴相信其不会再次出错。

针对Facebook的问题，评论者提出了几方面的解决方案：首先，应加强对Facebook的监管。包括美国监管机构和全球各国政府在内的公权力机构，应当对Facebook提出监管要求，敦促Facebook解决信息管理方面的漏洞，为应对信息泄露问题做好充分准备。其次，应当重新设计公司的治理结构，将扎克伯格的绝对权力适当下放，保证公司拥有一个完善的治理体制。最后，在公司披露信息方面，扎克伯格应该定期公布公司的一些数据，提高信息透明度，让投资者和公众随时了解公司的各项决策和计划，重新建立起信任关系。

虽然Facebook在社会和治理方面表现非常不理想，但在环境方面却做得不错，得到了Sustainalytics给出的1.4分的环境风险得分。在Google建立全球第一家可再生能源投资数据公司之前九年，Facebook就已经提出

"绿色数据"概念，致力于成为一家可持续发展的科技企业。除此之外，Facebook 还加入了 RE100 联盟，承诺将尽快实现 100% 使用可再生电力。截至 2018 年，公司所使用的能源中有 75% 为可再生能源，并且这一比例还在逐年提高。2018 年，扎克伯格将可再生能源的使用上升到公司优先事项的高度，并将 2020 年底达到 100% 可再生能源使用作为目标。

Facebook 的丑闻对于整个信息业来说未必是一件坏事。因为 Facebook 的丑闻事件，ESG 评价机构普遍提高了对信息业 ESG 评价的标准要求，特别是对治理和社会的标准。这样做可以促使行业内公司以更加严格的标准来规范自身行为，避免类似事件再次发生。对于 Facebook 和扎克伯格来说，在改善公司治理的道路上依然还有很长的路要走。

5.5.2 Infosys

Infosys 是印度软件外包龙头企业，它向我们展示了一个 ESG 策略得当的案例。这说明发展中国家的企业也有能力在环境、社会和治理三个方面都表现出色，使三者做到均衡发展。

Infosys 是印度历史上第一家在美国上市的公司。作为一家大型软件外包公司，其主要业务是向全球客户提供软件外包、咨询等 IT 服务。Infosys 凭借其在 ESG 问题上的出色表现，得到了许多 ESG 评价机构的信任和青睐，入选了 MSCI 旗下的 MSCI India ESG Leader Index。该指数通常提供在行业内表现具有较高环境、社会和治理绩效的公司。此外，Infosys 还连续三年入选 DJSI 指数。在 ESG 评价机构 Sustainalytics 给出的 2020 年最新的评分中，Infosys 的 ESG 风险评级为低风险级别，ESG 风险得分为 15 分，这是一个非常出色的分数。在单项得分上，环境风险、社会风险和治理风险分别为 1.1 分、7.4 分和 6.5 分，这表明 Infosys 并没有出现严重的环境和社会问题，并保持着高效的治理水平。

Infosys 将 ESG 理念贯彻到工作的每个环节中，积极响应生态和社会需求。在过去的几年中，Infosys 公司员工人均耗电量大幅减少，并成为印度第一家加入 RE100 联盟的公司，承诺到 2050 年将 100% 使用可再生电力。2020年，Infosys已经用可再生能源代替了将近一半的电力消耗，并积极投身到可持续能源计划当中，包括对60兆瓦的太阳能光伏发电的投资，展现了Infosys向可再生能源转型的决心。Infosys在2020年表示，公司已经实现了碳中和。这比《巴黎协定》所规划的时间提前了30年。[①] 在社会方面，为了提高普通民众生活水平，Infosys推出面向社会的培训计划，预计将培养1000万拥有数字技能的人才，为超过8000万人的生活提供技术支持。[②] 在治理方面，Infosys始终坚持在可持续发展原则基础之上为股东创造最大的价值，同时努力保障所有利益相关者的权益，为此Infosys设定了许多执行标准，包括日常运营、价值链、供应链和监管的每一环节。作为印度治理实践最优秀的公司之一，Infosys将道德治理放在首位，建立了完善的问责机制，包括领导者、员工、合作伙伴和供应商在内的所有成员都必须严格遵守并积极维护。

5.5.3 阿里巴巴

阿里巴巴集团成立于1999年，总部位于杭州，是中国最大的也是最为人所熟知的电商之一。其业务涉及非常广泛，包括核心电子商业、云计算、数字媒体以及金融服务。作为中国最成功的公司之一，阿里巴巴很早就引入了ESG理念，并取得了一定的成果。

在ESG评价机构Sustainalytics给出的2020年最新评分中，阿里巴巴的ESG风险评分为25分，风险评级为中度风险级别。在单项得分上，阿里巴巴的环境、社会和治理评分分别为2.3分、12.2分和10.1分。从评分中可以看出，阿里巴巴在环境表现上非常优秀，但是在社会层面和公司治理层面却存在一些问题。ESG评价机构Sustainalytics也指出阿里巴巴的一些ESG热点问题：公司治理、人力资本、用户隐私和商业道德。这其实不难理解，作为一家大型互联网公司，面向的是数以亿计的网络用户，

---

① Infosys. Infosys ESG Vison 2030 [EB/OL]. https://www.infosys.com/content/dam/infosys-web/en/about/corporate-responsibility/esg-vision-2030/index.html, 2020.

② Infosys. Infosys Annual Report 2018-2019 [R]. 2019.

其产品和服务会涉及人类生活的方方面面，因此非常容易产生一些社会问题。而公司治理出现问题，主要原因还是出在领导者身上或者公司治理体系上，特别是领导者，他们的行为和所作出的决定将会决定公司的命运。比如2019 年曝出的阿里巴巴总裁麦克·埃文斯卷入金融丑闻案件。埃文斯任职阿里巴巴总裁之前曾就职于高盛集团，2019 年高盛被曝出金融丑闻事件，埃文斯也被牵连其中。虽然此次事件和阿里巴巴本身并无直接关系，但是事件爆发之后，还是给阿里巴巴带来了许多负面舆论影响，让外界一度质疑公司的治理能力。总体来说，阿里巴巴在 ESG 方面的实践还是成功的，在环境、社会和公司治理做出了许多努力，具体如下①：

在环境方面，阿里巴巴主要推出了以下三点举措。第一，互联网公司对环境最容易产生影响的就是硬件基础设施的损耗，阿里巴巴作为一家拥有云计算服务的公司，要承受自己和合作伙伴共同的电力消耗。于是为了降低对环境的损耗，阿里巴巴使用了一套基于智能管理技术和新能源技术的冷却节水系统。比如位于千岛湖的数据中心就使用了这种系统，每年可以节省 3 亿千瓦时电力，并且极大程度减少了二氧化碳的排放。第二，由于阿里巴巴的业务要涉及大量的物流和货运，容易产生许多包装废弃物，于是阿里巴巴成立了菜鸟裹裹。菜鸟裹裹是一个专门负责物流取寄的专业机构，它可以自动根据包裹的质量和体积来计算包装所需材料，这样做可以节省 15% 的成本，同时每年减少超过 100 万吨的碳排放。第三，阿里巴巴不仅从自身做起保护环境，倡导节约减排，还积极引导广大用户参与到保护环境行动中来。比如阿里巴巴旗下 App 支付宝和蚂蚁金服里的“绿色能源积分”业务，用户可以通过使用电子支付、乘坐公交出行、骑自行车等来赚取积分，并获得相应奖励。

在社会方面，阿里巴巴主要做出了以下四点努力。第一，就是对人力资本的保护，阿里巴巴将每一个员工都看作大家庭的一份子，认为员工是公司创造一起价值的根本力量。阿里巴巴努力营造一个谦逊、开放和包容

① 阿里巴巴集团．阿里巴巴 ESG 可持续发展报告 2018 ［R］．2019.

的企业文化，从招聘到入职，从工作环境到工作培训，阿里巴巴都试图给予每一个员工无微不至的关怀和照顾。第二，通过技术和创新，阿里巴巴为全社会提供了大量的就业机会，岗位包括生产、运营、物流、包装、咨询等环节。据资料显示，阿里巴巴在2017年通过零售系统创造了超过3600万个岗位。第三，阿里巴巴主动投身于社会公益事业。2011年，公司成立了阿里巴巴基金会，主要用于帮助支持环境保护的人和社会弱势群体，仅在2018年，阿里巴巴和该基金会的捐款就达到了2.3亿元。此外，阿里巴巴创始人马云还设立了一个私人基金会，主要向非洲企业家提供资金支持，以此来帮助非洲经济快速增长。第四，阿里巴巴在全国贫困地区大力开展脱贫攻坚工作，通过建立平台，将贫困地区商人与外部市场联系起来，帮助他们摆脱贫困。截至2020年，阿里巴巴已经在全国至少3万个村庄和700多个县城建立了服务中心，其中包括300多个国家级贫困县。

在治理方面，阿里巴巴主要推出了以下三项举措。第一，阿里巴巴的公司治理以公司创立之初的使命为导向，即让天下没有难做的生意。公司的管理层由36名高级管理人员组成，它们的主要职责就是维护企业创立之初的使命，并将其培养成公司的企业文化流传下去。第二，在董事委员会下，设立审计委员会、薪酬委员会和提名及公司治理委员会，分别负责公司的审计监督工作、制订员工福利和薪酬计划、人事任命和制定章程的工作。第三，阿里巴巴提出了新的合作伙伴关系——阿里巴巴式关系。这种伙伴关系的一个好处就是每年都会接收新的合作伙伴来更新自身，让组织充满活力。另一个好处就是有利于维护企业创立之初的企业文化，使其可以长久留存下去。第四，阿里巴巴颁布了“道德准则”，该准则要求公司所有员工在互相之间以及与客户、合作商、股东及其他利益相关者的关系当中遵守最严格的道德标准，保持高行业水准。

总体来看，阿里巴巴在环境方面的举措是较为成功的，但是在社会层面和治理层面上，阿里巴巴依然还有很大的进步空间，尤其是反竞争行为引起了极大的争议和批评。一些代表性的大型信息业企业都或多或少面临类似的反竞争问题。例如，至2019年，谷歌在欧洲为其反竞争行为已经支付了超过 80 亿欧元的罚金。

5.6 制造业

制造业通过进行生产活动，为消费者和社会提供优质的产品。然而，制造企业的生产互动和商品使用很容易会对环境和社会产生负面影响。例如，大众汽车（Volkswagen）2015 年的“排放门”事件和 3M 公司的水污染问题，都对环境造成了极大的破坏，并引起了许多社会问题。在公司治理上，制造企业也容易出现问题，造成的损失往往会更加严重。比如大众汽车的“排放门”事件，本质上就是集团高层治理出现了问题，做出了错误决策，进而引发了一系列环境和社会问题。因此，制造企业往往在环境、社会和治理三个方面都被外界予以更严格的要求。在这一节中，我们介绍了大众汽车和金风科技两家公司在 ESG 方面所做出的努力。

5.6.1 大众汽车

大众汽车“排放门”事件为众多公司带来了警示，那就是治理是 ESG 理念中最关键的部分。公司治理决定着公司成败与否。企业如果在公司治理上出现严重问题，即使在环境和社会方面表现非常出色，也难逃失败的命运。此外，大众汽车的案例也向外界展示了 ESG 评价体系在风险预警上的巨大作用，即在公司出现危机事件前 ESG 评价体系的评分变化可以向公司提前作出警告。

大众汽车是世界最具实力的汽车制造商之一，在全球建有 68 家全资和参股企业，业务领域包括汽车的研发、生产、销售、物流、金融服务、汽车保险、银行、IT 服务等众多方面。可以说，大众汽车已经成为了行业标杆。但是，在 2015 年 9 月，大众汽车却曝出了“排放门”丑闻。大众汽车承认，在 1000 万辆汽车上安装了有缺陷的设备，操控了氮氧化物排放数据，以此来通过美国汽车排气测试，这样的行为违反了《美国清洁空气法》。最终，首席执行官马丁·温特科姆引咎辞职。这一事件使大众汽车及相关利益主体遭受了巨大的损失：大众汽车已经支付了超过350亿美元的罚款和赔偿金，声誉也遭受巨大影响，从丑闻曝光前的全球最有价值品牌排行榜第18名跌至第25名；公司市值蒸发了46%，给股东造成巨大损失；为应对此次事件，大众汽车在全球裁撤了约3万个工作岗位，损害员工利益。丑闻曝光后，许多ESG评价机构将大众汽车从指标体系中删除，并提高了其重新进入的门槛。

对于一家大型跨国公司，环境、社会和治理三个因素都非常重要。ESG三个因素中的任何一个因素出现问题都可能给企业带来巨大的损失。以大众为例，在丑闻曝光之前的几年中，大众在环境和社会方面没有出现太严重的问题，公司也一直表达对环境和社会负责任的态度。然而，大众在公司治理上却出现了重大失误，最终导致高层作出错误决策并爆发“排放门”事件。

其实，ESG评价机构早在丑闻曝光前，就报告了大众汽车在公司治理方面的问题。但是，大众汽车并没有及时作出有效的反应，留下了最终导致“排放门”事件的隐患。2013～2015年，MSCI的ESG报告显示，大众汽车在产品和服务质量上存在问题。2015年4月，大众汽车公司的ESG评分在MSCI所涵盖所有的公司中排名倒数第28位。而且，这一得分是逐年下降的。同年5月，MSCI决定将大众从MSCI ACWI ESG指数中删除。2015年8月，大众汽车针对产品和服务质量差的问题进行了一些改进措施，减少了汽车尾气排放并且降低了汽车召回率。于是，MSCI的评级从“BB”级别升到“BBB”级别。2015年9月爆发“排放门”事件后，大众汽车的评级从“BBB”级别直接降到了最差的“CCC”级别，ESG影响监视级别也从黄色升级为红色，成为高风险级别。① 虽然“排放

① MSCI. Volkswagen Scandal Underlines Need for ESG Analysis [EB/OL]. MSCI, https://www.msci.com/volkswagen-scandal, 2020-10-29.

门”事件已经过去了五年，但是这件事给大众汽车带来的恶劣影响依然存在。在 ESG 评价机构 Sustainalytics 给出的 2020 年最新评分中，大众汽车 ESG 得分为 41 分，仍旧处在非常高的 ESG 风险级别。环境、社会和治理三方面的得分也都非常不理想，分别为 13.1 分、11.4 分和 16.5 分，说明大众依然面临着非常高的环境风险、社会风险和治理风险。不同于科技企业提供无形的产品和服务，制造企业更多为社会提供的是有形产品，这就难免涉及环境问题和社会问题。因此，一旦制造企业在治理环节再出现问题，所造成的不良后果不仅体现在公司治理本身，往往还会引起环境和社会的一系列连锁反应。

大众之所以会出现“排放门”事件，高管的逐利之心和公司治理出现问题是最大的两个原因。为了实现 2018 年成为世界领先的汽车制造商的目标和高层少数人的利益追求，不惜使用作弊手段操纵排放测试结果，违反商业道德。这是对消费者和社会的不负责行为，也给环境治理带来了更多问题。此外，大众的管理层做出这样的决定也凸显了公司糟糕的治理能力。其实，在大众内部，存在着许多不合理的机制。比如，英国投资公司 SVM 董事总经理柯林·麦克莱恩强调，大众汽车公司的股票结构经常导致少部分的股东比其他股东拥有更多的投票权，多数权利集中在小部分股东手中。这一部分人在公司内部拥有绝对的话语权，有可能给公司治理带来很大的问题（Mooney，2016）。大众公司内部还缺乏完善有效的治理体系，无法在管理层做出错误决策时第一时间制止并纠正错误，最终导致“排放门”发生。

丑闻事件后，大众汽车开始在环境、社会治理三个方面做出更多的努力，试图改变公司的不利处境。从环境方面来看，大众主要推出三项措施：第一，大众汽车制定了“TOGETHER2025 +”集团战略。这展现了公司将可持续性作为公司发展根本出现点的决心，并向公众传达了一个信号：我们在利用此次丑闻事件作为重新开始的机会。第二，大众汽车专门制订了脱碳计划，发表“goTOzero”声明，希望在 2025 年成为碳中和公司，做到行业领先水平。第三，大众汽车进行数字化转型，努力将数字化普及到公司的所有业务当中，积极倡导公司可持续发展。

从社会方面来看，大众汽车积极投身于社会服务当中，不断改善社区生活水平。2019年公司年报统计，大众汽车共向社会捐款3360万欧元，资助领域包括医疗、教育、文化和基础设施等多个方面。大众汽车的员工也积极承担起社会责任。仅在2019年，大众汽车员工就向社会捐款76万欧元。除此之外，大众汽车还将自己的数字化转型引入服务社会活动当中，xStarters程序就是一个很好的例子。该程序致力于14～19岁学生的数字教育，以便为未来提供更多的高科技人才。据统计，自2018年以来，大众已经通过xStarters举办了100多次数字教育讲座，约有2400多名学生参与其中。①

从治理方面来看，大众的改变主要体现在三个方面：第一，大众建立了早期风险预警系统。该系统可以及时识别业务活动中潜在的风险，并使用具有前瞻性的手段来管理这些潜在风险。第二，大众设计了全面的风险管理系统（RMS）和内部控制系统（ICS），旨在帮助公司处理已经发生的风险，保证了公司在面对重大风险时可以作出有效的管理措施。这两个系统是基于国际认可的COSO企业风险管理框架来设计的，主要有三道防线来保护公司：第一道防线是公司内部各个部门的风险管理和内部控制系统，是RMS和ICS的主要构成部分；第二道防线是集团总部的风险管理部门，负责为RMS和ICS制定具体标准并协调风险治理活动；第三道防线是审查监管部门，专门负责对RSM和ICS进行定期检查，保证其正确运行。第三，大众改进了公司治理体系，实行集团管理委员会主席跨部门责任制，由其负责与可持续相关的一切事务。将集团可持续发展指导委员会升级为最高委员会级别，统筹相关工作，保证可持续发展理念在公司的优先权。总体而言，对于大众汽车而言，要想重新赢回社会和公众的信任，并成为世界领先的汽车制造商，在解决公司治理的问题上，还有很长的路要走。

---

① Volkswagen. Volkswagen Group Sustainability Report 2019［R］. 2020.

5.6.2 金风科技

金风科技成立于 1988 年，是中国最早的、自主研发能力最强的风电设备研发制造商。金风一直努力推动全球新能源产业的发展。作为新能源的倡导者，金风科技很早就开始关注 ESG 理念，并将环境、社会和治理三个因素考虑到整个公司战略制定流程当中。多年来，金风科技在 ESG 三个方面做出了许多努力，效果显著。2019 年，凭借在环境、社会和治理上的出色表现，金风科技获得了全国制造业领域含金量最高的“全国质量奖”。金风科技在环境、社会和公司治理方面主要做出了以下努力（Mackintosh，2018）：

在环境方面，金风科技作为风电制造行业的领导者，不断响应国家和全球相关气候政策，在促进新能源发展的同时不断加强自身环境管理体系建设，主要体现在以下四个方面。第一，金风科技关注全球气候变化对自身业务的影响，在全球多个地区安装了新能源发电机组，该机组有抵抗台风、雷电和高温高湿的优点。截至 2020 年，金风已经在全球安装新能源装机量超过了 60GW，累计减少二氧化碳排放 1.22 亿吨。第二，金风科技在 2015 年加入了中国 RE100，承诺在今后要广泛使用新能源，并倡导智慧用能，不断减少对生态环境的影响。2019 年，金风使用风力发电、太阳能发电和光伏电力等新能源比例已经超过 65%。第三，金风科技注重排放与废弃物管理，公司严格遵守《固体废物污染环境保护法》和《危险化学品管理制度》，按照相关规定和要求妥善处理各类废弃物。比如在风机修建过程中，在基柱中加入钢模板，可以便于之后回收，避免产生建筑垃圾。第四，在环境保护上，金风科技也在贡献自己的力量。公司要求将保护环境这一理念贯彻到项目制定、项目开发、项目建设和项目运营的每一环节中，避免对环境产生破坏。除此之外，金风一直在对噪声污染进行优化管理，因为风机在安装、运营和运输途中不可避免都会产生很大的噪声，于是金风采用了全球先进的风电场降噪优化方案，并自主研发了风电厂噪声降低传播模型，有效地减少了噪声污染。

在社会方面，金风科技主要推出了以下几点举措。第一，金风注重人权保护，特别是对公司员工的保护与培养。金风不仅为员工提供了高额的薪酬激励和安全的工作环境，还会定期为员工进行智能培训和专业进修，帮助员工不断进步。除此之外，金风倡导平等规范雇用，杜绝内部存在性别歧视，在员工食堂设立孕妇专座、哺乳妈咪间，并提供产假、产检假等福利。第二，金风积极维护与当地社区的关系，主张“哪里有金风人，哪里就有金风的社会责任”理念。比如，金风在湖北荆州建设风电厂时，为当地修建了“红星桥”公路，成为了当地的一条主干道，有效缓解了当地交通压力，后来该条公路被当地居民亲切地称呼为“爱情公路”。第三，金风科技投身于社区教育事业，关注乡村下一代人才培养，开展了多次“国学送教”和“丰润中华”的公益活动。截至2019年底，这两个项目已经帮助了全国20多个省份和地区的超过4万名学生，为全国乡村教育发展做出了巨大贡献。第四，金风科技在海外构建了多个具有金风特色的文化社区，不仅提高了公司社会影响力，也造福了公司所在海外社区。比如2019年金风在南非修建风机电厂过程中，与当地新能源机构合作，向当地的新能源研究工作者提供了奖学金支持，不仅帮助了当地企业的发展，也促进了当地新能源技术的进步。

在治理方面，金风科技多年来一直秉持诚信经营、规范运作，主要做出了以下四点努力。第一，在治理结构上，公司设立了股东大会、董事会、监事会和经营层的“三会一层”的现代治理模式，顺应了时代的潮流。第二，在董事委员会下设立审计委员会、提名委员会、薪酬与考核委员会和战略决策委员会，各委员会之间各司其职又相互联系相互合作，保证公司的正常运转。第三，金风科技非常关注风险管理，成立了专门的风险管控部门。2019年公司对整个公司进行调查分析，评估了当前风险管理办法的缺点与不足，并提出了修改意见，逐步建立起了完善的风险管理办法。第四，为了杜绝腐败行为，公司设立了独立的审计监察部门，在董事会的领导下开展反腐败的相关工作。2019年，公司还专门出台了《检察工作管理制度》，明确了审计监察部门的职责和权利义务，有效防止了公司内部贪污腐败行为的发生。

在 ESG 评价机构 Sustainalytics 给出的 2020 年最新评分中，金风科技的 ESG 评分为 26.9 分，风险评级为中度风险级别。对于一家制造业公司，这已经算是一个不错的分数，当然，在环境和治理上，金风科技还有许多进步的空间。ESG 评价机构 Sustainalytics 也为其提供了今后改进的方向：公司治理、产品管理、人力资本和商业道德，这些将是金风科技今后努力的重点。

5.7 案例启示

通过梳理以上各行业中代表性公司的 ESG 举措、风险和表现，我们可以总结出以下四点有关企业 ESG 评价的认识：

第一，受行业本身的活动性质和商业模式影响，能源业、矿业与制造业公司往往面临更多的环境问题与社会问题，因此要取得较好的环境表现和社会表现殊为不易，通常很难获得较好的 ESG 风险等级评价。相对地，金融业、信息业与服务业更容易面临的是以机构失效和高管失效为代表的公司治理问题，并且也可能由此引起社会问题，因此在 ESG 评分上呈现出环境方面风险较低、公司治理和社会方面风险较高的态势。有关 ESG 评价机构也将行业因素考虑到其评价方法论的构建过程中。因此，在研究和使用企业 ESG 评价时，应当充分考虑行业因素对评价结果的可能影响。

第二，环境、社会与治理三者之间的相互作用和相互关联，集中体现为治理因素对另外两方面因素的影响，说明三者可能具有不同的权重和优先级。上述案例显示，公司治理方面的问题，往往会造成环境与社会问题；但反过来，环境或社会方面问题引起公司治理问题的现象则比较少见。前者更多的是对已经存在的公司治理问题的一种反应。从经济管理的角度来看，环境、社会和治理三者可能存在着不同的权重，治理方面的问题可能更能影响企业的整体 ESG 表现。当然，这一观点还需要更进一步的理论和实证研究加以证明。

第三，不同行业的公司所采取的 ESG 举措中，环境方面举措的异质化程度高于社会与公司治理方面的举措。无论处于何种行业，所有公司所面对的社会和治理问题是相对接近和同质化的：在社会方面，各个公司都要履行公司的社会责任、开展公益事业、努力保障人权等。在治理层面，各个公司都需要建立起有效的治理结构、改善薪酬体系、加强内部管理能力建设，特别是通过成立专门的负责 ESG 事务的组织机构强化对 ESG 事项的优先考虑。而在环境方面，能源业、矿业与制造业更为直接地与环境污染、生态破坏和能源消耗问题相联系，因此也要更多地关注直接由其活动造成的环境和能源问题，并更为关注短期环境效益和事后补救措施，而对气候变化、生物多样性等长期性、系统性问题的关注不足，也缺乏采取风险预防措施的动力。例如，BP 直到 2019 年才将气候变化风险确认为一项需要由董事会特别关注的重要风险；金融业、信息业与服务业等不会牵涉太多环境因素，因此更容易在环境问题上采取开放和包容的态度。其环境事项清单可能包括更多的长期性、预防性和建设性的计划。

第四，在本章案例中，有一些公司推出了一些具有亮点和推广潜力的 ESG 举措。例如，BP、Polymetal 等企业将其在可持续减排目标等 ESG 指标上的表现与高管和员工的收入挂钩，将 ESG 因素注入了传统的薪酬制度。我们观察到，此类举措似有扩张之势，德意志银行等公司也于近期推出了类似管理措施。此类举措对公司的 ESG 表现和整体财务表现的影响，值得进一步关注和研究。相关研究将有助于指明未来公司推动与 ESG 有关的改革的前进方向。

第 6 章　挑战与展望

由以上各章分析可见，ESG 理念和 ESG 评价在人类经济活动中的影响力和重要性在稳步提高。这突出反映在自 ESG 理念 2005 年提出以来，将 ESG 因素纳入决策流程的企业和基金的数量和总体规模大幅增加。然而，ESG 评价的发展依然面临诸多挑战。ESG 披露框架和标准还需进一步规范完善；部分 ESG 指标未能顾及企业所在国家地区的特殊情况；ESG 评价结果的有效性和准确性尚需进一步改进；ESG 数据的完整性和透明度还有待提高。本章将对这些挑战进行系统分析，并展望 ESG 评价的未来发展。

6.1　统一 ESG 披露框架

目前全球现行的 ESG 披露框架和标准有多达几十种，指标设定不统一。即使对于相同的指标，不同标准的数据要求也可能有巨大差别。这为企业披露、机构数据采集和投资者决策造成了相当困难。近年来，一些标准制定机构陆续开始尝试构建统一的披露框架和标准。这些尝试中尤其值得注意的是近期的两个计划：①2020 年 9 月，GRI、SASB、CDP、CDSB（Climate Disclosure Standards Board）和 IIRC（International Integrated Reporting Council）五个主导机构联合推出了构建统一框架和标准的计划，该计划不会增设新的指标，而是将各机构现有的披露标准和指标融合使用。②同样是 2020 年 9 月，世界经济论坛（World Economic Forum，WEF）和四大会计师事务所也推出了统一标准。该标准参照联合国可持续发展目标，设置了 21 个核心指标和 34 个扩展指标，其中核心指标和其披露方法主要沿用 GRI、SASB 等既有标准，扩展指标则引入一些新的指标以衡量企业在更广泛范围内价值链中的影响。

此外，投资者也开始着力推动统一的 ESG 披露标准。例如，代表性的机构投资者 BlackRock 要求，所有接受其投资的企业须在 2020 年年末统一采用 SASB 标准披露其 ESG 表现，且在气候相关问题的披露上要符合《气候相关财务披露工作组建议》（Task Force on Climate - Related Financial Disclosures，TCFD）。其他两家大型机构投资者 State Street 和 Vanguard 也向其投资企业提出了类似的要求或建议。

以上尝试反映了 ESG 评价行业、标准制定机构和投资者对于构建统一框架和标准的巨大兴趣，其效果还有待观察。但毋庸置疑，进一步整合 ESG 披露框架和标准是行业健康发展的必由之路。此外，我们应当注意的是，和很多其他领域（如会计、税务）类似，最终的 ESG 行业形态很可能不是由某一个披露框架和标准统治，而是多个相关但又不完全一致的披露框架和标准并行使用。同时，披露框架和标准亦可能需针对不同国家和地区进行调整（参见第 6.2 节）。

6.2 ESG 评价中的本地化因素

ESG 评价起源于欧美国家，当前世界主要 ESG 评价机构如 MSCI、富时罗素、汤森路透都是欧美公司。因此，占主导地位的 ESG 评价体系下的指标设定反映了欧美社会对于 ESG 问题的认知和态度。部分指标不见得适用于所有国家和地区。因为人类社会对于环境污染和保护问题具有较为一致的共识，环境方面的指标具有较好的通用性和普适性。而社会和治理方面的指标往往与文化和国家体制有较强的关联，并且在很多情况下，文化和体制差异无法进行价值判断。在不进行价值判断的情况下，这种差异就要求评价机构立足本地，设计适宜本地文化和体制的评价体系。

以文化为例，主要针对美国企业的 KLD 评价体系将酿酒行业认定为争议行业，若某个企业与酿酒行业有一定程度的关联，则该企业的争议指标会有所反映。这种指标设定反映了美国文化对于酒的负面态度。在美国，酗酒造成的社会问题由来已久。美国文化对酒的负面态度也源远流长，由 20 世纪二三十年代的禁酒令和《了不起的盖茨比》所描述的“禁酒时代”可见一斑。时至今日，在美国媒体上依然鲜见酒类广告。许多其他国家的文化对酒的态度则要宽容许多。例如，中国民众对于酒的负面态度很淡甚至根本不存在，酒企往往是地方经济的“龙头企业”，也经常成为黄金时段广告的“标王”。如把酿酒行业争议指标照搬来评价中国的企业，则显然是不合适的。与文化类似，由于体制差异，主要 ESG 评价体系在治理维度设置的指标未必适合特定国家的企业。众所周知，国有企业在中国经济中有举足轻重的地位，也有非常独特的治理结构。当前 ESG 评价体系下的指标设置未必可完全反映国有企业的治理状态。

目前，一些评价机构推出了针对特定国家或地区的 ESG 指标，例如 MSCI 针对印度企业推出了 MSCI India ESG Leaders Index，针对巴西企业推出了 MSCI Brazil ESG Leaders Index，富时罗素针对马来西亚企业推出了 FTSE4Good Bursa Malaysia Index。然而就我们所知，这些指标只是变更了企业选取的标准，其主要评价指标并未根据特定国家的文化和体制进行调整。

6.3 ESG评价的一致性和有效性

当前，ESG 评价面临的一个较为突出的现象是，不同机构给出的评价一致性较低，甚至对于一些公司会给出截然相反的评价。例如依据《华尔街日报》的报道，MSCI 给电动车制造商特斯拉的环境表现接近于满分的评价，而富时罗素集团的打分则接近于底部（Mackintosh，2018）。Chatterji 等（2016）比较了 KLD、ASSET4、Innovest、DJSI、FTSE4Good 和 Calvert 六种常用的 ESG 评价，发现 2004～2006 年这些评价的相关系数平均只有 0.3，甚至某些评价间会呈现负相关。《金融时报》2018 年的一篇报道使用了更近期的数据，发现 MSCI ESG 评价和 Sustainalytics ESG 评价的相关性仅为 0.32。与之形成鲜明对比的是，穆迪、标准普尔和惠誉这三大评级机构的信用评级相关性达到了 0.9。

一项 2020 年的最新研究认为，不同 ESG 评价间的巨大差异可归结于三个原因（Berg et al.，2020）：

（1）指标差异，即针对同一 ESG 要素，不同评价体系采用不同指标加以衡量。例如，针对性别平衡这一 ESG 要素，不同评价体系可采用性别收入差距、董事会中女性比例或员工中女性比例等不同指标加以衡量。指标差异可解释 53% 的总体差异。

（2）范围差异，即不同评价体系会涵盖不同的 ESG 因素。例如有些评价体系会考虑游说行为，而另一些不会；有些会考虑电磁辐射，而另一些则不会。范围差异可解释 44% 的总体差异。

（3）权重差异，即不同评价体系赋予同一指标的权重不同。权重差异可解释 3% 的总体差异。

评价结果是否一致对于投资者、企业自身和研究者都有巨大影响。Chatterji 等（2016）得出论断，鉴于评价不一致，很有可能所有或者几乎所有 ESG 评价都是无效的。当前，ESG 评价指导着上万亿美元的资金流动。如果 ESG 评价是无效的，则这些资金就很可能分配至错误的企业。对企业而言，几乎所有世界 500 强企业都会发布年度 ESG 或可持续发展报告。如果 ESG 评价不一致，企业就难以评估自身表现，也就难以判断 ESG 措施的效用。企业面对不一致的评价将无所适从。在研究方面，仅就企业 ESG 表现与金融指标的联系这一个问题，研究人员已经撰写了数百篇论文。ESG 评价不一致对于相关研究的有效性带来了巨大的疑问。

各机构在推广 ESG 评价时往往将其预警功能作为卖点。然而近年来一些企业的著名“丑闻”说明 ESG 评价的预警功能尚待完善。例如，大众汽车集团从 2006 年开始系统性地操控汽车排放数据，这一行为在 2015 年曝光，并给大众汽车造成了巨额罚款和声誉损失。然而，在事件曝光之前，大众汽车集团在一些主流 ESG 评价中获得了极好的分数。大众汽车在其可持续报告中提及：

“The Volkswagen Group has again been listed as the most sustainable automaker in the world's leading sustainability ranking. As in 2013, RobecoSAM AG again classed the company as the Industry Group Leader in the automotive sector in this year's review of the Dow Jones Sustainability Indices (DJSI). Volkswagen is thus one of only two automakers to be listed in both DJSI World and DJSI Europe…The review analyzed the corporate performance of a total of 33 automotive companies, seven of them from Europe. Volkswagen took pole position with a total of 91 out of 100 possible points.”

当前，ESG 评价缺乏有效途径窥探企业内部的信息，因此只能依据较为浅显的公开数据进行评价。对类似大众汽车“排放门”这样的 ESG 事件进行预警确实困难重重。

不同的 ESG 评价是否会趋于一致，这一问题尚未形成定论。持肯定观点的人认为，ESG 评价目前处于初步发展阶段，其数据和方法还远未成熟。可与 ESG 评价类比的信用评级行业走过了百年历史，经过逐步的演化、迭代和改进，才达到今日的一致性（一致性并不等同于准确性，三大评级公司在次贷危机中表现拙劣，相当一部分评论认为它们对次贷危机爆发负有重大的直接责任）。因此，ESG 评价作为一个初生行业，不一致性是暂时的，随着行业不断成熟会逐步减小。持否定意见的人认为，ESG 评价更类似于股票分析和股评，不同机构对于 ESG 的认知不同，对于同样的数据会有不同的解释判断，因此不一致性会持续存在；投资者应采用和其对于 ESG 认知一致的评价体系。

6.4 数据质量与评价的透明度

可靠完备的数据是 ESG 评价发展的基石。在投行 BNP Paris 于 2017 年进行的一项名为“Great Expectations for ESG”的问卷调查中，55%的机构投资者认为，数据是制约 ESG 投资策略的最大障碍。目前，相当一部分 ESG 数据来自于企业的主动披露和第三方问卷调查，已有数据有诸多欠缺与不足。首先，由于强制性 ESG 披露的政策法规还不普及，大量企业尤其是发展中国家的企业通常不会全面披露企业的 ESG 相关数据，例如企业的温室气体排放和气候变化风险。另外，企业主动披露和第三方问卷调查都存在数据可信度的问题。其次，现有数据涵盖的范围不完备。例如，企业披露的碳排放数据通常集中在直接碳排放（Scope 1）和耗能产生的间接碳排放（Scope 2），但是供应链相关的间接碳排放数据（Scope 3）严重欠缺。为了解决以上问题，可能需要通过政府来协调企业对相关数据的披露。

随着 ESG 评价从企业扩展至国家，ESG 数据的完备性和准确性也面临新的挑战。在国家层面，相当一部分 ESG 数据的采集是由国际组织（如联合国、世界卫生组织等）完成。企业的部分 ESG 数据发布（如董事会结构、薪酬、排污等）受法规强制要求，并处于相关机构如证监会、交易所、环保部门监管之下。而国家层面的数据多由国家自主发布，国际组织缺乏有效的法规手段和权力对数据的完备性和准确性加以约束。例如，世界银行发布的国家 ESG 数据中，有多个指标的数据在超过一半的国家出现缺失。此外，由于不同国家的政策法规不一样，同一类型数据的统计口径在不同国家可能有巨大差别，从而影响数据的准确性。例如，不同国家对于新冠肺炎疫情造成死亡可以奉行不同的认定标准，从而会导致传染病死亡人数统计的差异。此外，在某些指标上（如贫困率、文盲率），国家必须依据其现状和发展需要制定统计标准。因此，统计口径的差异很可能在相当长的时间内都会继续存在。

ESG 评价模型的透明度也是争议的热点。虽然主流评价机构如 MSCI、Morningstar、富时罗素、汤森路透都在官网公布了评价方法，但是关乎各公司评分的大量数据处理的细节依然是各公司的机密。进一步提高评价模型的透明度有助于评价机构提高自身的公信力。但另外，企业可能会利用模型的信息，通过人为手段操控一些指标，从而改善自身的评分。如何平衡模型的透明度和安全性是一个值得研究的问题。

6.5 ESG 发展展望与建议

对 ESG 发展历史与现状进行回顾与剖析，让我们能更好地对 ESG 发展做出展望。我们可以看到的是，ESG 发展迎来了历史重要机遇期，2019 年的“圆桌会议宣言”，2020 年的“五机构联合计划”，甚至全球新冠肺炎疫情，都在共同召唤一个更加成熟且有影响力的 ESG 框架与全球性的一致行动。然而，发展进程中仍然存在着不少难点需要攻克。在最后部分，我们提出了对于中国构建 ESG 框架的几点建议。

6.5.1 ESG 发展的时代机遇

2019 年 8 月，在华盛顿召开的美国商业组织“商业圆桌会议”（Business Roundtable）上重新定义了公司运营的宗旨，确立了“一个美好的社会比股东利益更重要”的论调。这是一次具有里程碑意义的会议，至此，股东利益不再是一个公司最重要的目标，公司的首要任务应该是创造更美好的社会。可持续发展不是一个新概念，但通过此次会议，现代企业突破固有思维，进行了自我重新定位，特别明确了企业与社会的相互关系，以及在可持续发展进程中所应扮演的历史角色：在创造经济价值的同时，创造社会价值。

2019年底突发的全球新冠肺炎疫情更凸显了对于环境、社会、治理问题解决方案的紧迫需求。不仅个人开始深入思考健康和环境的重要性；企业也开始摸索新的战略与运营范式，特别是那些此前在环境社会治理等方面表现不足的企业；监管机构与政府也积极探索更健康、系统、全面的管理机制。

（1）内在意识觉醒。作为经济社会活动的重要主体，企业是推动社会进步的重要力量。企业ESG意识的自我觉醒是ESG繁荣发展的先决条件。商业与社会共存共荣，企业与社会的交织与融合已然进入一个“商业-社会可持续”的动态系统交互进程。美国商业圆桌会议所代表的商业领袖对于当代商业的共识正是建立在对于公司的生存与发展的重新思考与定位的基础上。随着社会对企业社会责任和可持续发展的诉求不断加深加强，企业对与宏观层面的社会，以及微观层面的利益相关方的关系进行重构，意识到其自身在推动社会进步、环境和谐进程中的重要作用。并且，随着可持续发展意识的不断深入，企业也逐渐意识到，企业社会责任不应脱离企业主战略，而应融入企业战略和运营全过程中。作为一个具有社会责任意识的企业应该致力于：向客户传递与社会发展相容的企业价值；雇用不同群体，并提供公平的待遇；恪守商业道德；积极投身公益慈善等社会事业；注重可持续发展，创造长期价值。

（2）外在制度压力。很多研究显示，那些关注社会环境议题，并将其转化为与企业生存和发展紧密相关的实质性议题与行为实践的企业，综合业绩比不关注的企业优异。这种综合竞争力，包括更好的财务回报、更稳健的抗风险能力等，往往能更持久地得到投资人、股东乃至社会的认同与支持。成功的商业案例是推进 ESG 普及的有力工具。另外，全球相继出台 CSR 立法、监管法规、ESG 披露指南等也加速了 ESG 发展进程。从供需两方面看，一方面，股东和投资者们期望企业在这些方面有落地的策略、实施和绩效，从而保证回报的长期和稳定效益；另一方面，企业期望通过可持续发展，负责任地经营和成长，在满足不断变化的市场环境和需求以及应对多重利益相关方的诉求过程中，创造商业价值，同时满足经济层面和社会层面的价值。

6.5.2 ESG 发展的重点和难点

虽然 ESG 发展迎来了历史机遇期，也是当代社会经济发展的必然趋势，但在其发展进程中还有不少难题亟须攻克。

难点一在于整合 ESG 披露框架和标准。虽然目前已经存在应用相对广泛的 ESG 披露标准，也有大型机构提供 ESG 披露框架，并且最近也出现一些标准制定机构尝试构建统一的披露框架和标准。但由于各框架孰优孰劣难以分辨，并且相互之间存在博弈竞争，现存的整合思路也只能是沿用既有框架与标准，并适当扩展指标范围。由于各框架与指标体系之间的兼容关系以及整体设计思路有可能并不相容，这导致整合后的框架有效性大打折扣。因此，我们认为 ESG 行业形态未来可能不只存在某一个披露框架和标准，而是由多个一致性较高的披露框架和标准共同组成。

难点二在于 ESG 与企业绩效之间的联动机制。ESG 生态系统里的主要市场参与者，如企业、股东、投资者、供应商等所关心的直接问题就是 ESG 对企业财务绩效的影响机制。只有明确了 ESG 与企业财务表现之间的联动机制，才能明确 ESG 的评价目的，理顺可持续发展的正确思路，从源头上解决 ESG 评价的有效性与一致性问题。然而 ESG 本身是一个不断动态发展的理念，并且包含着多维度的衡量与评估，其中每一个维度的不同因素对企业财务绩效的影响机制又存在差异。另外，ESG 强调的是长期可持续目标，短中期看，甚至可能与企业众多财务指标产生冲突。因此，在对 ESG 与公司财务绩效之间可能存在的复杂关系的研究上还需要从思路到方法上进一步厘清。

难点三在于全球经济社会发展不均衡，ESG 判断标准难统一。经济基础决定上层建筑，虽然 ESG 发展理念着眼人类未来，从长期上看是有益于地球上每一个人，但是考虑到不同国家地区的经济社会发展阶段，以及各国面临的不同紧迫问题时，ESG 发展思路有可能与当下经济社会需求产生矛盾。另外，全球各区域的传统价值文化差异较大，特别是在社会与治理维度的权衡标准可能存在很大分歧。无论是从当前发展还是传统社会规范来看，ESG 的判断标准的制定需要突破既有思维，满足灵活周全的现实需求。

6.5.3 中国构建 ESG 框架的建议

与联合国可持续发展目标 2030（SDG2030）相互呼应，中国经济社会已经进入“创新、协调、绿色、和谐、共享”五位一体可持续发展的新阶段。一方面，新时代的社会经济环境应该是鼓励社会各主体可持续行为，对 ESG 实践以及由其产生的成本有一定容忍度；另一方面，企业作为推动社会发展的重要动力，应在创造经济效益的同时，为社会进步和环境和谐做出积极贡献。

总体而言，当前我国的 ESG 发展尚处于起步阶段，亟待改善的突出问题有三个。一是市场规模小，基于 ESG 的管理资金远低于发达经济体。二是对于影响财务的非财务信息缺乏健全的强制披露机制。三是生态系统不完善，企业普遍缺乏对 ESG 问题全面深入的了解，ESG 投资机构数量少，ESG 主题的金融产品稀缺，ESG 评价机构屈指可数且权威性不足。有鉴于此，对于在中国构建 ESG 框架，我们有如下建议：

建议一，加强 ESG 相关组织建设。ESG 的发展首先需要强有力的领导组织发挥引领作用。建立建设强有力的权力机构、执行机构、监管机构、研究机构，四位一体，加强组织之间的协同性与耦合性，多维发力，系统推进。权力机构负责制定 ESG 相关政策，引领 ESG 发展方向；执行机构负责贯彻落实；监管机构负责形成落实过程中的及时反馈机制；研究机构则提供 ESG 发展建设的基础性研究成果，各司其职，形成权力相互制约、行动相互促进的系统性组织体系。

建议二，发挥后发优势，自上而下积极推动。我国的 ESG 发展总体上说后发于欧美经济体，其劣势主要体现在对于 ESG 理念的社会认知不深入，各主体尚无法全面发挥主观能动性，积极推进 ESG 实践的快速发展，但是其优势也是很明显的，那就是可以利用后发优势，充分利用已有全球性成果：一方面，积极融入全球 ESG 发展大势；另一方面，自主构建适合中国国情的 ESG 框架与标准，将中国文化与价值观内嵌其中。依靠强有力的组织构架，自上而下有效推动 ESG 发展进程，避免自下而上的盲目无效，吸取其他国家已有的经验与教训。

建议三，横向有重点地推进 ESG 实践落实。从 ESG 推进范围来看，不能"眉毛胡子一把抓"，可以按照企业性质、企业规模逐步落实推进。由于 ESG 披露与 ESG 实践着眼于长期效果，短期内需要实施个体承担一定成本，盲目大范围铺开不现实也没有必要，甚至可能造成资源的浪费。可以选取能够承担初期成本，在管理运营上能更好实现 ESG 收益的企业，最好是一些有代表性的、有社会影响力的企业，由他们作为"排头兵"，牵引整个商业领域的 ESG 行动。制定短期、中期、长期规划目标，随着 ESG 发展的不断深入，逐步扩大 ESG 实施主体范围。

建议四，纵向有步骤地推进可持续发展。从 ESG 推进步骤来看，不能一蹴而就，可以结合国家战略部署，如"2035 远景目标"，重点突出地有序进行。"十四五"规划明确提出持续改善环境质量的重大任务，这是对我国生态文明建设以及生态环境保护形势的重要判断和立足满足人民日益增长的美好生活需要做出的重大战略部署。当前我国结构性、区域性污染问题突出，针对生产运营活动对空气、水源、土壤可能造成重大污染的企业以及相关区域可以制定更严格的标准。另外，"十四五"时期我国跨越中等收入陷阱的关键阶段，也是各类社会风险易发多发阶段，高质量发展的内在需求要求化解风险隐患，在商业领域除了注重科学引导，还要加强内部人才激励和外部商业伦理，创造公平合理的商业环境，支持社会高质量发展。

建议五，通过教育培训，培育商业个体ESG意识。我国ESG发展尚处于早期阶段，各市场参与者对于ESG的认知还不完备，对于ESG的内涵与外延的理解还不明确，甚至对于可持续发展相关概念的混用、错用情况普遍存在。可以利用ESG研究机构和教育机构针对ESG市场人才需求，制定人才培养方案、企业培训项目等，加强社会各方面主体对ESG的系统性认知。

参考文献

[1] Abelson P. Lectures in Public Economics [A] //Applied Economics [C] . Sydney, Australia, 2002: 150 - 163.

[2] Atkins B, Corp B, Rights A L L. ESG History & Status [R] . 2020.

[3] Atkins B. Demystifying ESG?: Its History & Current Status [R] . 2020.

[4] Bansal P, Roth K. Why Companies Go Green: A Model of Ecological Responsiveness [J] . Academy of Management Journal, 2000, 43 (4): 717 - 736.

[5] Bear S E, Rahman N, Post C. The Impact of Board Diversity and Gender Composition on Corporate Social Responsibility and Firm Reputation [J] . Journal of Business Ethics, 2010, 97 (2): 207 - 221.

[6] Bebchuk L, Cohen A, Ferrell A. What Matters in Corporate Governance? [J] . Review of Financial Studies, 2009, 22 (2): 783 - 827.

[7] Berg F, Koelbel J F, Rigobon R. Aggregate Confusion: The Divergence of ESG Ratings [R] . 2020.

[8] Blackstone. Our Next Step in ESG: A New Emissions Reduction Program [EB/OL] . https: //www. blackstone. com/insights/article/our - next - step - in - esg - a - new - emissions - reduction - program/, 2020 - 10 - 29.

[9] Blackstone. Responsible Investing Policy [EB/OL] . https: //

www. blackstone. com/docs/default – source/black – papers/bx – responsible – investing – policy. pdf? sfvrsn = cef0a3ad_ 2, 2020 – 10 – 29.

[10] Blair D J. The Framing of International Competitiveness in Canada's Climate Change Policy: Trade – off or Synergy? [J]. Climate Policy, 2017, 17 (6): 764 – 780.

[11] Blood R. How NGOS are Driving ESG [R]. 2020.

[12] BP. BP Financial Statement 2019 [R]. 2020.

[13] BP. BP Sustainability Report 2019 [R]. 2020.

[14] Brown L D, Caylor M L. Corporate Governance and Firm Valuation [J]. Journal of Accounting & Public Policy, 2006, 25 (4): 409 – 434.

[15] Brunnermeier S B, Cohen M A. Determinants of Environmental Innovation in US Manufacturing Industries [J]. Journal of Environmental Economics and Management, 2003, 45 (2): 278 – 293.

[16] Böhringer C, Löschel A, Moslener U, Rutherford T F. EU Climate Policy Up to 2020: An Economic Impact Assessment [J]. Energy Economics, 2009 (31): S295 – S305.

[17] Camilleri M A. Environmental, Social and Governance Disclosures in Europe [J]. Sustainability Accounting, Management and Policy Journal, 2015, 6 (2): 224 – 242.

[18] Canadian Securities Administrators. CSA Staff Notice 51 – 333 Environmental Reporting Guidance [R]. 2010.

[19] Carnahan S, Agarwal R, Campbell B, Franco A. The Effect of Firm Compensation Structures on the Mobility and Entrepreneurship of Extreme Performers [C]. SSRN Electronic Journal, 2010 Atlanta: 1 – 43.

[20] Carroll A B. The Pyramid of Corporate Social Responsibility: Toward the Moral Management of Organizational Stakeholders [J]. Business Horizons, 1991, 34 (4): 39 – 48.

[21] CED. Social Responsibilities of Business Corporations [M]. New

York: Committee for Economic Development, 1971.

[22] Chatterji A K, Durand R, Levine D I, Touboul S. Do Ratings of Firms Converge? Implications for Managers, Investors and Strategy Researchers [J]. Strategic Management Journal, 2016, 37 (8): 1597-1614.

[23] Chatterji A K, Levine D I, Toffel M W. How Well Do Social Ratings Actually Measure Corporate Social Responsibility? [J]. Journal of Economics and Management Strategy, 2009, 18 (1): 1-51.

[24] Cook K A, Sanchez D, Romi A M, Sanchez J M. The Influence of Corporate Social Responsibility on Investment Efficiency and Innovation [J]. Journal of Business Finance & Accounting, 2019, 46 (3): 494-537.

[25] Cowan E. Topical Issues in Environmental Finance [R]. 1999.

[26] Cowton C. Playing by the Rules: Ethical Criteria at an Ethical Investment Fund [J]. Business Ethics: A European Review, 1999, 8 (1): 60-69.

[27] Cramer J. Company Learning about Corporate Social Responsibility [J]. Business Strategy and the Environment, 2005, 14 (4): 255-266.

[28] Crane A, Matten D. Corporate Citizenship: Toward an Extended Theoretical Conceptualization [J]. Academy of Management Review, 2005, 30 (1): 166-179.

[29] Dalal K K, Thaker N. ESG and Corporate Financial Performance: A Panel Study of Indian Companies [J]. The IUP Journal of Corporate Governance, 2019, 18 (1): 44-60.

[30] Doran J, Ryan G. The Importance of the Diverse Drivers and Types of Environmental Innovation for Firm Performance [J]. Business Strategy and the Environment, 2016, 25 (2): 102-119.

[31] Dowling J, Preffer J. Organizational Legitimacy: Social Values and Organization Behavior [J]. Pacific Sociological Review, 1975, 18 (1): 122-136.

[32] Drucker D J. From SRI to ESG [J]. Financial Planning, 2009, 39 (10): 72 - 77.

[33] Drumwright M. Socially Responsible Organizational Buying: Environmental Concern as a Noneconomic Buying Criterion [J]. Journal of Marketing, 1994, 58 (3): 1 - 19.

[34] Eccles R G, Lee L - E, Stroehle J C. The Social Origins of ESG?: An Analysis of Innovest and KLD [J]. SSRN Electronic Journal, 2019 (January): 1 - 35.

[35] Edinger - Schons L M, Lengler - Graiff L, Scheidler S, Wieseke J. Frontline Employees as Corporate Social Responsibility (CSR) Ambassadors: A Quasi - Field Experiment [J]. Journal of Business Ethics, 2019, 157 (2): 359 - 373.

[36] Environmental Protection Agency. Greenhouse Gas Reporting Program [R]. 2016.

[37] Epstein E M. The Corporate Social Policy Process: Beyond Business Ethics, Corporate Social Responsibility and Corporate Social Responsiveness [J]. California Management Review, 1987, 29 (3): 99 - 114.

[38] European Commission. Green Paper - Corporate Governance in Financial Institutions and Remuneration Policies [S]. 2010: 1 - 19.

[39] EU. Directive (EU) 2017/828 of the European Parliament and of the Council of 17 May 2017 Amending Directive 2007/36/EC as Regards the Encouragement of Long - term Shareholder Engagement [S]. Official Journal of the European Union, 2017 (March): 132.

[40] EU. Regulation (EU) 2019/2088 of the European Parliament and of the Council of 27 November 2019 on Sustainability - related Disclosures in the Financial Services Sector (Text with EEA Relevance) [S]. Offcial Journal of the European Union, 2019.

[41] Exchange N S. ESG Reporting Guide 2.0 [R]. 2019.

[42] Exxonmobil. 2019 Summary Annual Report [R]. 2020.

[43] Fedorova A. One in Three European Equity Funds to be Focused on ESG by 2030 [R]. Investment Week, 2020-11-19.

[44] Financial Times. Rating Agencies Using Green Criteria Suffer from "Inherent Biases" [EB/OL]. https://www.ft.com/content/a5e02050-8ac6-11e8-bf9e-8771d5404543, 2018-07-20.

[45] Flammer C, Kacperczyk A. The Impact of Stakeholder Orientation on Innovation: Evidence from a Natural Experiment [J]. Management Science, 2016, 62 (1): 1982-2001.

[46] Ford J D, Pearce T, Prno J, Duerden F, Berrang F L, Beaumier M, Smith T. Perceptions of Climate Change Risks in Primary Resource Use Industries: A Survey of the Canadian Mining Sector [J]. Regional Environmental Change, 2010, 10 (1): 65-81.

[47] Frederick W C. Corporate Social Responsibility in the Reagan Era and Beyond [J]. California Management Review, 1983 (3): 145-157.

[48] Freeman R E. Strategic Management: A Stakeholder Approach [M]. Marshfield, Massachusetts: Pitman Publishing Inc, 1984.

[49] Friede G, Busch T, Bassen A. ESG and Financial Performance: Aggregated Evidence from More Than 2000 Empirical Studies [J]. Journal of Sustainable Finance and Investment, 2015, 5 (4): 210-233.

[50] Friedman M F. The Social Responsibility of Business Is to Increase Its Profits [J]. New York Times Magazine, 2007 (3522): 173-178.

[51] Frooman J. Socially Irresponsible and Illegal Behavior and Shareholder Wealth—A Meta-Analysis of Event Studies [J]. Business & Society, 1997, 36 (3): 221-249.

[52] Ftserussell. ESG Data and Ratings Recalculation Policy and Guidelines [R]. Ftserussell, 2020 (September): 1-9.

[53] Ftserussell. FTSE4Good Index Series [R]. FTSE Russell, 2014

(July): 1 -6.

[54] Gallo M A. The Family Business and Its Social Responsibilities [J]. Family Business Review, 2004, 17 (2): 135 -149.

[55] GIIN. What is Impact Investing [EB/OL]. https://thegiin.org/impact-investing/need-to-know/#what-is-impact-investing, 2019-11-30.

[56] Global Reporting Initiative. GRI 101: Foundation 2016 101 [R]. 2016.

[57] Gompers P A, Ishii J L, Metrick A. Corporate Governance and Equity Prices [J]. The quarterly Journal of Economics, 2003 (118): 107 - 156.

[58] Hamamoto M. Environmental Regulation and the Productivity of Japanese Manufacturing Industries [J]. Resource and Energy Economics, 2006, 28 (4): 299 -312.

[59] Harjoto M, Laksmana I, Lee R. Board Diversity and Corporate Social Responsibility [J]. Journal of Business Ethics, 2015, 132 (4): 641 - 660.

[60] Henisz J W. The Costs and Benefits of Calculating the Net Present Value of Corporate Diplomacy [R]. The Journal of Field Actions, 2016 (Special Issue 14).

[61] Henisz W, Koller T, Nuttall R. Five Ways That ESG Creates Value [J]. McKinsey Quaterly, 2019 (11): 1 -12.

[62] Henriques I, Sadorsky P. The Relationship Between Environmental Commitment and Managerial Perceptions of Stakeholder Importance [J]. Academy of Management Journal, 1999, 42 (1): 87 -99.

[63] Ho N F, Wang H D, Vitell S J, Journal S, June N, Nin F, Deanna H H. A Global Analysis of Corporate Social Performance?: The Effects of Cultural and Geographic [J]. Journal of Business Ethics, 2012, 107 (4): 423 -433.

[64] Home H B R. Is Sustainable Investing Moving Into the Mainstream? [EB/OL] . https://hbr.org/sponsored/2019/11/is - sustainable - investing - moving - into - the - mainstream, 2020 - 10 - 29.

[65] IFC. GB - TAP Environment, Social and Governance (ESG) [EB/OL] . https://www.ifc.org/wps/wcm/connect/industry_ext_content/ifc_external_corporate_site/financial + institutions/priorities/climate_finance_sa/gb - tap/green - bonds - esg, 2020 - 11 - 19.

[66] Infosys. Infosys Annual Report 2018 - 2019 [R] . 2019.

[67] Infosys. Infosys ESG Vison 2030 [EB/OL] . https://www.infosys.com/content/dam/infosys - web/en/about/corporate - responsibility/esg - vision - 2030/index.html, 2020 - 10 - 29.

[68] ISO. ISO 26000: 2010 [S] . 2011: 1 - 25.

[69] Jaffe A B, Palmer K. Environment Regulation and Innovation: A Panel Data Study [J] . Review of Economics and Statistics, 1997, 79 (4): 610 - 619.

[70] James D G, Oertle M, Ohnemus A P, Steger U. The Platform for SRI and ESG Funds and Indices [R] . 2020.

[71] Johnson C. The Measurement of Environmental, Social and Governance (ESG) and Sustainable Investment?: Developing a Sustainable New World for Financial Services [J] . 2020, 12 (4): 336 - 357.

[72] Jones T M. Instrumental Stakeholder Theory: A Synthesis of Ethic and Economics [J] . Academy of Management Review, 1995, 20 (2): 404 - 437.

[73] Kaissar N. Facebook Helps Explain Why ESG Investing Matters [R] . Bloomberg Opinion, https://finance.yahoo.com/news/facebook - helps - explain - why - esg - 103022307.html, 2020 - 07 - 06.

[74] Kemp R, Arundel A. Survey Indicators for Environmental Innovation [R] . IDEA Report, STEPGroup, Oslo, 1998.

［75］ Konar S, Cohen M A. Does the Market Value Environmental Performance［J］. Review of Economics & Statistics, 2001, 83 (2): 281 - 289.

［76］ Lanjouw J O, Mody A. Innovation and the International Diffusion of Environmentally Responsive Technology［J］. Research Policy, 1996, 25 (4): 549 - 571.

［77］ Lokuwaduge C S D S, Heenetigala K. Integrating Environmental, Social and Governance (ESG) Disclosure for a Sustainable Development: An Australian Study［J］. Business Strategy and the Environment, 2017, 26 (4): 438 - 450.

［78］ London Stock Exchange Group. Revealingthe Full Picture - Your Guide to ESG Reporting: Guidance for Issuers on Theintegration of ESG into Investor Reporting and Communication［S］. 2017.

［79］ London Stock Exchange Group. Your Guide to ESG Reporting［R］. 2020.

［80］ Lyon T P, Maxwell J W. Corporate Social Responsibility and the Environment: A Theoretical Perspective［J］. Review of Environmental Economics and Policy, 2008, 2 (2): 240 - 260.

［81］ Mackintosh J. Is Tesla or Exxon More Sustainable? It Depends Whom You Ask［N］. Wall Street Journal, 2018 - 09 - 17.

［82］ Malaysia T S C. Sustainable and Responsible Investment Sukuk Framework［R］. 2019.

［83］ Matten D, Crane A, Chapple W. Behind the Mask: Revealing the True Face of Corporate Citizenship［J］. Journal of Business Ethics, 2003, 45 (1): 109 - 120.

［84］ Mazurkiewicz P. Corporate Environmental Responsibility: Is a Common CSR Framework Possible?［R］. Washington: World Bank, 2004.

［85］ McGuire J W. Business and Society［M］. New York: McGraw -

Hill, 1953.

[86] Mcwilliams A, Siegel D S. Corporate Social Responsibility: A Theory of the Firm Perspective [J]. Academy of Management Review, 2001, 26 (1): 117 - 127.

[87] Mochizuki J. Assessing the Designs and Effectiveness of Japan's Emissions Trading Scheme [J]. Climate Policy, 2011, 11 (6): 1337 - 1349.

[88] Mooney A. Investment Lessons to Learn from the VW Scandal [N]. Financial Times, 2016 - 10 - 19.

[89] Morningstar. ESG Investing Comes of Age [EB/OL]. Morningstar, https: //www. morningstar. com/features/esg - investing - history, 2020 - 11 - 19.

[90] Move T H E, Environmentally T O, Manufacturing C. Lean and Green [J]. Distributed Generation and Alternative Energy Journal, 2013, 28 (4): 5 - 6.

[91] MSCI. ESG 101: What is ESG? [EB/OL]. MSCI, https: // www. msci. com/what - is - esg, 2020 - 11 - 19.

[92] MSCI. ESG Ratings [EB/OL]. MSCI, https: //www. msci. com/our - solutions/esg - investing/esg - ratings, 2020 - 11 - 19.

[93] MSCI. Executive Summary: Intangible Value Assessment (IVA) Methodology [R]. 2014 (December).

[94] MSCI. MSCI ESG KID Stats?: 1991 - 2014 [R]. 2015 (June).

[95] MSCI. Volkswagen Scandal Underlines Need for ESG Analysis [EB/OL]. MSCI, https: //www. msci. com/volkswagen - scandal, 2020 - 10 - 29.

[96] Olmstead S M, Stavins R N. Three Key Elements of a Post - 2012 International Climate Policy Architecture [J]. Review of Environmental Economics and Policy, 2012, 6 (1): 65 - 85.

[97] Onkila T J. Corporate Argumentation for Acceptability: Reflections of Environmental Values and Stakeholder Relations in Corporate Environmental Statement [J]. Journal of Business Ethics, 2009, 87 (2): 285-298.

[98] Ostrom E. A Polycentric Approach for Coping with Climate Change [R]. 2009.

[99] Parliament E, Union C of the E. Directive 2014/25/EU of the European Parliament and of the Council of 26 February 2014 on Procurement by Entities Operating in the Water, Energy, Transport and Postal Services Sectors and Repealing Directive 2004/17/EC Text with EEA Relevance [S]. 2014.

[100] Pascual B, Gomez-Mejia L R. Environmental Performance and Executive Compensation: An Integrated Agency-Institutional Perspective [J]. Academy of Management Journal, 2009, 52 (1): 103-126.

[101] Perrow C. The Next Catastrophe: Reducing Our Vulnerabilities to Natural, Industrial and Terrorist Disasters [M]. Princeton: Princeton University Press, 2011.

[102] Peters G F, Romi A M. Does the Voluntary Adoption of Corporate Governance Mechanisms Improve Environmental Risk Disclosures? Evidence from Greenhouse Gas Emission Accounting [J]. Journal of Business Ethics, 2014, 125 (4): 637-666.

[103] Peuckert J. What Shapes the Impact of Environmental Regulation on Competitiveness? Evidence from Executive Opinion Surveys [J]. Environmental Innovation & Societal Transitions, 2014 (10): 77-94.

[104] Plantiga A, Scholtens B. Socially Responsible Investing and Management Style of Mutual Funds in the Euronext Stock Markets [EB/OL]. SSRN Electronic Journal, https://papers.ssrn.com/sol3/papers.cfm?abstract_id=259238, 2001-06-30.

[105] Points K E Y. Facebook Gets Dumped from an S&P Index That Tracks Socially Responsible Companies [EB/OL]. https://www.cnbc.

com/2019/06/13/facebook – dumped – from – sp – esg – index – of – socially – responsible – companies. html, 2020 – 10 – 29.

[106] Polymetal. Official Website of Polymetal [EB/OL]. https: //www. polymetalinternational. com/en/sustainability/sustainability – faq/, 2020 – 10 – 29.

[107] Porter M E, Kramer M R. Strategy and Society: The Link Between Competitive Advantage and Corporate Social Responsibility [J]. Harvard Business Review, 2006, 84 (12): 78 – 92.

[108] Porter M E, van der Linde C. Toward a New Conception of the Environment – Competitiveness Relationship [J]. Journal of Economic Perspectives, 1995, 9 (4): 97 – 118.

[109] Preston L E, O' Bannon D P. The Corporate Social – Financial Performance Relationship: A Typology and Analysis [J]. Business & Society, 1997, 36 (4): 419 – 429.

[110] Purwar A. History of ESG Investments [R]. 2019.

[111] Quaak L, Aalbers T, Goedee J. Transparency of Corporate Social Responsibility in Dutch Breweries [J]. Journal of Business Ethics, 2007, 76 (3): 293 – 308.

[112] Rajesh R, Rajendran C. Relating Environmental, Social, and Governance Scores and Sustainability Performances of Firms: An Empirical Analysis [J]. Business Strategy & the Environment, 2020, 29 (3): 1247 – 1267.

[113] Ramchander S, Schwebach R G, Staking K. The Informational Relevance of Corporate Social Responsibility: Evidence from DS400 Index Reconstitutions [J]. Strategic Management Journal, 2012, 33 (3): 303 – 314.

[114] Refinitiv. Environmental, Social and Governance (ESG) Scores from Refinitiv [R]. 2020.

[115] Reuters T. Thomson Reuters ESG Scores Methodology [R]. 2002

(57): 1 -5.

[116] Reuters T. Thomson Reuters ESG Scores [J]. Thomson Reuters EIKON, 2017 (March): 1 -12.

[117] Ribando J M, Bonne G. A New Quality Factor?: Finding Alpha with Asset4 Esg Data [J]. Thomson Reuters, 2010 (March): 1 -8.

[118] Robecosam. Measuring Intangibles Robecosam's Corporate Sustainability Assessment Methodlogy [R]. 2018.

[119] Ruf B M, Muralidhar K. An Empirical Investigation of the Relationship Between Change in Corporate Social Performance and Financial Performance: A Stakeholder Theory Perspective [J]. Journal of Business Ethics, 2001, 32 (2): 143 -156.

[120] Russell F. ESG Ratings and Data Model [R]. FTSE Russell, 2018 (September)

[121] S&P Global Ratings. ESG Industry Report Card: Retail [EB/OL]. https://www.spglobal.com/_media/documents/spglobalratings_esgindustryreportcardretail_may_21_2019.pdf., 2019 (61): 1 -12.

[122] SASB. SASB Conceptual Framework [J]. Sustainability Accounting standards Board, 2017 (February): 1 -25.

[123] SASB. SASB Rules of Procedure [R]. 2017 (February).

[124] Scholtens B. Finance as a Driver of Corporate Social Responsibility [J]. Journal of Business Ethics, 2006 (68): 42 -48.

[125] Schwartz M S, Carroll A B. Corporate Social Responsibility: A Three Domain Approach [J]. Business Ethics Quarterly, 2003, 13 (4): 503 -530.

[126] Securities E. Strategy on Sustainable Finance [R]. European Securities and Markets Authority, 2020 -11 -20.

[127] Sehueth S. Socially Responsible Investing in the United States [J]. Journal of Business Ethies, 2003 (43): 189 -199.

[128] Sethi S P. Dimensions of Corporate Social Responsibility [J]. California Management Review, 1975, 17 (3): 58 - 64.

[129] Social Investment Forum. 2005 Report on Socially Responsible Investing Trends in the United State [R]. 2005.

[130] Sparkes R, Cowton C J. The Maturing of Socially Responsible Investment: A Review of the Developing Link with Corporate Social Responsibility [J]. Journal of Business Ethics, 2004, 52 (1): 45 - 57.

[131] Sparkes R. Socially Responsible Investment: A Global Revolution [M]. Chichester: Wiley, 2002.

[132] Stubbs W, Rogers P. Lifting the Veil on Environment - socialgovernance Rating Methods [J]. Social Responsibility Journal, 2013, 9 (4): 622 - 640.

[133] Su R X, Zhong W Z, Liu S X. A Study on Relation of Corporate Social Responsibility & Corporate Efficiency - Evidence from Listed Firms of Shenzhen Stock Exchange [J]. Journal of Shanxi Finance and Economics University, 2010, 32 (11): 75 - 85.

[134] Suchman M C. Managing Legitimacy: Strategic and Institutional Approaches [J]. Academy of Management Review, 1995, 20 (3): 571 - 610.

[135] Sullivan R, Gouldson A. Comparing the Climate Change Actions, Targets and Performance of UK and US Retailers [J]. Corporate Social Responsibility and Environmental Management, 2016, 23 (3): 129 - 139.

[136] Thamotheram R, Le Floc'h M. The BP Crisis as a "Preventable Surprise": Lessons for Institutional Investors [J]. Rotman International Journal of Pension Management, 2012, 5 (1): 68 - 76.

[137] The Law Commission. Fiduciary Duties of Investment Intermediaries [S]. 2014.

[138] The Secretary of State for Work and Pensions. The Occupational

Pension Schemes (Investment and Disclosure) (Amendment) Regulations 2018 (now the Pension Protection Fund (Pensionable Service) and Occupational Pension Schemes (Investment and Disclosure) (Amendment and Modification) Regulations 2018) [S]. 2018.

[139] The UK Government. Companies Act 2006 [EB/OL]. The UK Government, https://www.legislation.gov.uk/ukpga/2006/46/contents, 2006-04-06.

[140] Tilling M V. Some Thoughts on Legitimacy Theory in Social and Environmental Accounting [J]. Social and Environmental Accountability Journal, 2004, 24 (2): 3-7.

[141] Townsend B. From SRI to ESG: The Origins of Socially Responsible and Sustainable Investing [J]. Impact & ESG Investing, 2020, 1 (1): 1-18.

[142] Tranter B. Political Divisions over Climate Change and Environmental Issues in Australia [J]. Environmental Politics, 2011, 20 (1): 78-96.

[143] Van den Hove S, Le Menestrel M, de Bettignies H C. The Oil Industry and Climate Change: Strategies and Ethical Dilemmas [J]. Climate Policy, 2002, 2 (1): 3-18.

[144] Velte P. Women on Management Board and ESG Performance [J]. Journal of Global Responsibility, 2016, 7 (1): 98-109.

[145] Volkswagen. Volkswagen Group Sustainability Report 2019 [R]. 2020.

[146] Wan P, Chen X, Ke Y. Does Corporate Integrity Culture Matter to Corporate Social Responsibility? Evidence from China [J]. Journal of Cleaner Production, 2020 (259): 120877.

[147] Wang D D, Sueyoshi T. Climate Change Mitigation Targets Set by Global Firms: Overview and Implications for Renewable Energy [J]. Renew-

able and Sustainable Energy Reviews, 2018 (94): 386 – 398.

[148] Who Cares Wins: Connecting Financial Markets to a Changing World, UN: International Finance Corporation (IFC) [R]. 2004.

[149] Xie J, Nozawa W, Yagi M, Fujii H, Managi S. Do Environmental, Social, and Governance Activities Improve Corporate Financial Performance? [J]. Business Strategy and the Environment, 2019, 28 (2): 286 – 300.

[150] Yu E P, Guo Q, Luu B V. ESG Transparency and Firm Value [A] //45rd Academy of International Business (UK & Ireland Chapter) Conference [C]. 2018: 4.

[151] PRI. 中国市场的 ESG 与 Alpha [R]. 2020.

[152] 阿里巴巴集团. 阿里巴巴 ESG 可持续发展报告 2018 [R]. 2019.

[153] [英] 奥利弗·哈特. 公司治理: 理论与启示 [J]. 经济学动态, 1996 (6): 60 – 63.

[154] 白重恩, 刘俏, 陆洲, 宋敏, 张俊喜. 中国上市公司治理结构的实证研究 [J]. 经济研究, 2005 (2): 81 – 91.

[155] 北京商道融绿咨询有限公司. 中国责任投资年度报告 2019 [R]. 2019.

[156] 长江证券. 海外 ESG 评级体系详解 [R]. 2018.

[157] 陈红心. 企业环境责任论 [D]. 苏州: 苏州大学博士学位论文, 2010.

[158] 陈宏辉, 贾生华. 企业利益相关者三维分类的实证分析 [J]. 经济研究, 2004 (4): 80 – 90.

[159] 陈宏辉. 企业的利益相关者理论与实证研究 [D]. 杭州: 浙江大学博士学位论文, 2003.

[160] 陈亮. 基于披露成本的披露政策选择问题研究 [J]. 北方论丛, 2007, 203 (3): 145 – 148.

［161］陈宁，孙飞．国内外 ESG 体系发展比较和我国构建 ESG 体系的建议［J］．发展研究，2019（3）：59－64.

［162］陈淑妮．基于社会责任的企业人力资源管理［J］．五邑大学学报（社会科学版），2007，9（4）：72－84.

［163］陈迅，韩亚琴．企业社会责任分级模型及其应用［J］．中国工业经济，2005（9）：99－105.

［164］底萌妍，黄秋敏，李雪筠，杨国莉，温绍涵．企业履行环境责任对企业价值的影响探讨［J］．河北企业，2020（2）：101－102.

［165］范明霏．油田勘探开发过程中的环境问题［J］．环境工程，2014（32）：1051－1054.

［166］冯根福，温军．中国上市公司治理与企业技术创新关系的实证分析［J］．中国工业经济，2008（7）：91－101.

［167］付强，刘益．基于技术创新的企业社会责任对绩效影响研究［J］．科学学研究，2013，31（3）：463－468.

［168］高良谋．管理学高级教程［M］．北京：机械工业出版社，2015.

［169］高良谋等．管理学（第四版）．大连：东北财经大学出版社，2014.

［170］高勇强，陈亚静，张云均．企业声誉、慈善捐赠与消费者反应［J］．当代经济管理，2012，34（6）：20－25.

［171］国家电网．国家电网促进新能源发展白皮书 2018［R］．2019.

［172］国家电网．国家电网社会责任报告 2019［R］．2020.

［173］国务院发展研究中心“绿化中国金融体系”课题组．发展中国绿色金融的逻辑与框架［J］．金融论坛，2016（2）：17－28.

［174］贺立龙，朱方明，陈中伟．企业环境责任界定与评测：环境资源配置的视角［J］．管理世界，2014（3）：180－181.

［175］胡家夫．探索符合中国市场特质的 ESG 投资之路［R］．

2019.

［176］ 环保部门和污染企业将被强制向社会公开环境信息［EB/OL］. 新华网，http：//www. gov. cn/jrzg/2007 －04/25/content_596403. htm，2007 －04 －25.

［177］ 黄晓鹏. 企业社会责任理论与中国实践［M］. 北京：社会科学文献出版社，2010.

［178］［美］霍华德·R. 鲍恩. 商人的社会责任［M］. 肖红军等译. 北京：经济管理出版社，2015.

［179］ 姜腾飞，李山梅. 道琼斯可持续发展指数及其对我国的借鉴作用［J］. 商业时代，2010（13）：55 －56.

［180］ 解本远. 企业社会责任的道德基础探究［J］. 道德与文明，2012（3）：127 －131.

［181］ 金风科技. 金风科技可持续发展报告 2019［R］. 2020.

［182］ 金立印. 企业社会责任运动测评指标体系实证研究——消费者视角［J］. 中国工业经济，2006（6）：114 －120.

［183］ 金融监督管理委员会证券期货局. 马来西亚证券委员会第 12 届伊斯兰市场计划（Islamic Markets Programme，IMP）［R］. 2016.

［184］ 剧锦文，刘一涛. 疫情“清醒剂”倒逼 ESG 加速落地［J］. 董事会，2020（Z1）：20 －21.

［185］ 李广宁. 基于合法性理论的环境信息披露研究［D］. 武汉：中国地质大学硕士学位论文，2011.

［186］ 李明毅，惠晓峰. 投资者理性与上市公司最优信息披露数量决策［J］. 统计与决策，2006（14）：39 －41.

［187］ 李奇霖. 北岩银行的发展与覆灭［J］. 银行家，2017（6）：90 －94.

［188］ 李诗鸿. 董事会中心主义：更优的制度选择［J］. 董事会，2019（10）：66 －67.

［189］ 李婉红，毕克新，孙冰. 环境规制强度对污染密集行业绿色

技术创新的影响研究——基于2003～2010年面板数据的实证检验［J］．研究与发展管理，2013，25（6）：72－81.

［190］李维安．公司治理学（第二版）［M］．北京：高等教育出版社，2009.

［191］李伟阳，肖红军．全面社会责任管理：新的企业管理模式［J］．中国工业经济，2010（1）：114－123.

［192］李文，房雅．研究丨全球ESG政策法规研究——美国篇［EB/OL］．社投盟CASVI，http：//www.360doc.com/content/20/0604/21/68528936_916525429.shtml，2020－06－04.

［193］李正．企业社会责任与企业价值的相关性研究——来自沪市上市公司的经验证据［J］．中国工业经济，2006（2）：77－83.

［194］廉春慧，王跃堂．企业社会责任信息、企业声誉与投资意向的实证研究［J］．东南大学学报（哲学社会科学版），2018，20（3）：84－93.

［195］刘俊海．公司的社会责任［M］．北京：法律出版社，1999.

［196］刘亮．“黑天鹅”事件对资本市场的交易影响——2012年中国资本市场“黑天鹅”事件梳理［J］．四川职业技术学院学报，2013，23（2）：17－20.

［197］刘若穗．ESG投资与影响力投资：殊途同归，利义并举［J］．FOF Weekly，https：//www.fofweekly.com/yixiankuaixun/3724.html，2019－11－30.

［198］刘银国，朱龙．公司治理与企业价值的实证研究［J］．管理评论，2011，23（2）：45－52.

［199］柳学信，杨烨青．企业环境责任及其信息披露的研究评述［R］.2020.

［200］卢代富．国外企业社会责任界说述评［J］．现代法学，2001，23（3）：137－144.

［201］卢代富．企业社会责任的经济学和法学分析［M］．北京：法

律出版社，2002.

［202］卢轲，张日纳．社会责任投资的前世今生［R］．社会价值投资联盟，https：//mp. weixin. qq. com/s/TUVJox0TcqOSlZ－W－tJu－A，2020－11－19.

［203］骆嘉琪，匡海波，沈思祎．企业社会责任对财务绩效的影响研究——以交通运输行业为例［J］．科研管理，2019，40（2）：199－207.

［204］［美］迈克尔·詹森，威廉·梅克林．企业理论：管理行为、代理成本与所有权结构［A］//陈郁．所有权、控制权与激励——代理经济学文选［C］．上海：上海人民出版社，2006.

［205］毛大庆．环境政策与绿色计划——新加坡环境管理解析［J］．生态经济，2006（7）：88－91，102.

［206］牛广文．助推社会责任履行 ESG 带领企业实现高质量发展［EB/OL］．人民网，http：//finance. people. com. cn/n1/2020/0727/c67740－31799088. html，2020－07－25.

［207］欧昕莛，吴虹．基于瑞幸咖啡财务造假事件的案例分析［J］．现代商贸工业，2020（29）：140－141.

［208］平安集团．平安集团可持续发展报告 2019［R］. 2020.

［209］平安集团．平安集团可持续发展中期报告 2020［R］. 2020.

［210］齐殿伟，孙明艳，张文公．企业社会责任、企业文化与财务绩效［J］．会计之友，2020（17）：74－80.

［211］钱俊亦，罗天勇. ESG 投资与企业估值［J］．产业与科技论坛，2020，19（19）：87－88.

［212］钱龙海：加快顶层设计，推动我国 ESG 跨越式发展［EB/OL］．新浪财经，https：//baijiahao. baidu. com/s？id＝1684687240058809152&wfr＝spider&for＝pc，2020－11－30.

［213］钱颖一．企业的治理结构改革和融资结构改革［J］．经济研究，1995（1）：20－29.

［214］邱牧远，殷红．生态文明建设背景下企业 ESG 表现与融资成

本［J］．数量经济技术经济研究，2019（3）：108－123.

［215］秋辛．联合国环境与发展大会召开［J］．世界环境，1992（3）：2.

［216］屈晓华．企业社会责任演进与企业良性行为反应的互动研究［J］．管理现代化，2003（5）：13－16.

［217］权小锋，吴世农，尹洪英．企业社会责任与股价崩盘险："价值利器"或"自利工具"？［J］．经济研究，2015（11）：49－64.

［218］任海云．公司治理对R&D投入与企业绩效关系调节效应研究［J］．管理科学，2011，24（5）：37－47.

［219］商道融绿，北京绿色金融协会．北京地区上市公司ESG绩效分析研究［C］．北京地区上市公司ESG绩效分析研究，2019：1－18.

［220］社会价值投资联盟．研究丨ESG政策法规研究——巴西篇［EB/OL］．社会价值投资联盟，http：//www.360doc.com/content/20/1113/17/68528936_945665910.shtml，2020－11－13.

［221］社会价值投资联盟．研究丨ESG政策法规研究——俄罗斯篇［EB/OL］．社会价值投资联盟，http：//www.360doc.com/content/21/0211/12/68528936_961674452.shtml，2021－02－11.

［222］社会价值投资联盟．研究丨ESG政策法规研究——印度篇［EB/OL］．社会价值投资联盟，http：//www.360doc.cn/article/68528936_954633202.html，2021－01－01.

［223］社会价值投资联盟．全球ESG政策法规研究——新加坡篇［EB/OL］．社会价值投资联盟，https：//www.casvi.org/h－nd－1014.html#skeyword=新加坡&_np=0_35，2020－11－19.

［224］社会价值投资联盟．研究丨全球ESG政策法规研究——加拿大篇［EB/OL］．社会价值投资联盟，http：//www.360doc.com/content/20/0710/21/68528936_923453186.shtml，2020－07－10.

［225］社会价值投资联盟．研究丨全球ESG政策法规研究——欧盟篇［EB/OL］．社会价值投资联盟，http：//www.360doc.com/content/

20/0507/12/68528936_ 910733259. shtml，2020 -05 -07.

［226］社会价值投资联盟．研究丨全球 ESG 政策法规研究——日本篇［EB/OL］．社会价值投资联盟，http：//www. 360doc. com/content/20/0618/08/68528936_ 919114118. shtml，2020 -06 -18.

［227］社会价值投资联盟．研究丨全球 ESG 政策法规研究——香港篇［EB/OL］．社会价值投资联盟，https：//zhuanlan. zhihu. com/p/153155434，2020 -07 -02.

［228］沈能，刘凤朝．高强度的环境规制真能促进技术创新吗？——基于“波特假说”的再检验［J］．中国软科学，2012（4）：49 -59.

［229］沈雅婷．中国媒体正在促使企业肩负社会责任［J］．国际融资，2012（8）：36.

［230］施东晖，司徒大年．中国上市公司治理水平及对绩效影响的经验研究［J］．世界经济，2004（5）：69 -79.

［231］舒伟，张咪．公司治理：新趋势与启示［J］．管理现代化，2020（2）：76 -80.

［232］［美］斯蒂芬·P. 罗宾斯，玛丽·库尔特．管理学第 11 版［M］．李原译，孙健敏校．北京：中国人民大学出版社，2012.

［233］孙佳思，叶龙，张启超，郭名．辱虐管理与员工欺骗行为：基于自我保护理论视角［J］．中国人力资源开发，2019，36（1）：95 -105.

［234］孙美，池祥麟，永田胜也．社会责任投资的发展趋势和策略研究［J］．四川大学学报（哲学社会科学版），2017，213（6）：141 -152.

［235］唐耀祥，郑少锋，郑真真．个人投资者对开放式基金信息需求的偏好分析［J］．财会通讯，2011（17）：4 -6.

［236］田国双，Sha S. 公司治理结构多样性对财务绩效影响的实证分析［J］．哈尔滨商业大学学报（社会科学版），2019，167（4）：

42 - 53.

［237］田虹．企业社会责任与企业绩效的相关性——基于中国通信行业的经验数据［J］．经济管理，2009，31（1）：72 - 79.

［238］田祖海．社会责任投资理论述评［J］．经济学动态，2007（12）：88 - 92.

［239］童小溪，战洋．脆弱性、有备程度和组织失效：灾害的社会科学研究［J］．国外理论动态，2008（12）：59 - 61.

［240］屠光绍．ESG 责任投资的理念与实践（上）［J］．中国金融，2019（1）：13 - 16.

［241］王国印，王动．波特假说、环境规制与企业技术创新——对中东部地区的比较分析［J］．中国软科学，2011（1）：100 - 112.

［242］王化中，李超．社会责任、公司治理与财务绩效关系研究——基于食品上市公司面板数据的实证分析［J］. 2019（12）：145 - 148.

［243］王怀明，宋涛．我国上市公司社会责任与企业绩效的实证研究——来自上证 180 指数的经验证据［J］．南京师大学报（社会科学版），2007（2）：58 - 75.

［244］王杰，刘斌．环境规制与企业全要素生产率［J］．中国工业经济，2014（3）：44 - 56.

［245］王倩倩．组织合法性视角下的企业自愿性社会责任信息披露研究［D］．沈阳：辽宁大学博士学位论文，2013.

［246］王珊珊，王铭初．企业环境责任理论及其评价体系指标研究［R］. 2020.

［247］网易新闻．墨西哥湾石油泄漏事件——美国数十年最严重环境灾难［EB/OL］. http：//news. 163. com/special/00014D2T/mxgwly. html，2020 - 10 - 29.

［248］温素彬，方苑．企业社会责任与财务绩效关系的实证研究——利益相关者视角的面板数据分析［J］．中国工业经济，2008

(10): 150 - 160.

[249] 吴敬琏. 现代公司与企业改革 [M]. 天津: 天津人民出版社, 1994.

[250] 香港交易及结算有限公司. Consultation Conclusions Environmental, Social and Governanace Reporting Guide [R]. 2015.

[251] 香港交易及结算有限公司. Consultation Paper on Review of the ESG Reporting Guide and Related Listing Rules [R]. 2019.

[252] 香港交易所. 香港交易所计划设立全新可持续及绿色交易所 STAGE [EB/OL]. 华财网, http: //finance. sina. com. cn/roll/2020 - 06 - 18/doc - iircuyvi9165327. shtml, 2019 - 11 - 30.

[253] 香港金融管理局. 香港金管局公布绿色金融举措 推进绿色及可持续银行 [EB/OL]. 新浪财经, https: //finance. sina. com. cn/money/bank/bank_ hydt/2019 - 05 - 07/doc - i, 2019 - 05 - 07.

[254] 香港联合交易及结算所有限公司. Consulation Conclusions Environmental, Social and Governance Reporting Guide [R]. 2012.

[255] 谢海洋. 企业社会责任研究综述 [J]. 学术界, 2013 (增刊): 146 - 148.

[256] 徐高彦, 李桂芳, 陶颜, 刘洪. "扶大厦之将倾": 女性高管、危机企业反转与管理者认知 [J]. 外国经济与管理, 2020, 42 (5): 42 - 59.

[257] 徐敏燕, 左和平. 集聚效应下环境规制与产业竞争力关系研究——基于"波特假说"的再检验 [J]. 中国工业经济, 2013 (3): 72 - 84.

[258] 许慧, 张悦. 企业环境绩效对财务绩效的互动性检验——基于生命周期视角 [J]. 财会通讯, 2020 (17): 75 - 78.

[259] 许家林. 环境会计: 理论与实务的发展与创新 [J]. 会计研究, 2009 (10): 36 - 43.

[260] 许晓玲, 何芳, 陈娜, 赵振宇, 朱婷婷. ESG 信息披露政策趋

势及中国上市能源企业的对策与建议［J］. 世界石油工业，2020，27（3）：13–18，24.

［261］闫伊铭，苏靖皓，杨振琦，田晓林. ESG投资理念及应用前景展望［J］. 中国经济报告，2020（1）：68–76.

［262］杨柏，林川. 企业社会责任与研发投入——代理成本缓解还是财务压力?［J］. 云南财经大学学报，2016，32（4）：124–131.

［263］杨典. 公司治理与企业绩效——基于中国经验的社会学分析［J］. 中国社会科学，2013（1）：72–94，206.

［264］杨皖苏，杨善林. 中国情境下企业社会责任与财务绩效关系的实证研究——基于大、中小型上市公司的对比分析［J］. 中国管理科学，2016，24（1）：143–150.

［265］伊丹敬之. 日本企业的"人本主义"体系［J］. 财经问题研究，1997（4）：31–37.

［266］殷格非. 全球证券交易所力促ESG信息披露——基于SSEI伙伴交易所ESG指引的研究［J］. WTO经济导刊，2018（12）：31–33.

［267］余峰. 企业社会责任对企业财务绩效的影响及其传导机制［J］. 深圳大学学报（人文社会科学版），2016，33（2）：2016.

［268］余兴喜. ESG与股东长远利益辩证统一［J］. 董事会，2019（9）：36–37.

［269］袁家方. 企业社会责任［M］. 北京：海洋出版社，1990.

［270］原毅军，谢荣辉. 环境规制与工业绿色生产率增长——对"强波特假说"的再检验［J］. 中国软科学，2016（7）：144–154.

［271］张爱卿，师奕. 上市公司的社会责任绩效与个人投资者投资意向——基于财务绩效调节作用的一项实验研究［J］. 经济管理，2018（2）：72–88.

［272］张长江，温作民，徐晴. 重污染行业上市公司环境绩效与财务绩效互动关系实证研究［J］. 生态经济，2016，32（11）：20–26.

［273］张光涛，刘春波. 金融稳定在英国的发展及其对我国的启

示——从北岩银行说起［J］. 金融发展研究，2014（1）：36－40.

［274］张琳，赵海涛. 社会和公司治理（ESG）表现影响企业价值吗？——基于A股上市公司的实证研究［J］. 武汉金融，2019（10）：36－43.

［275］张敏，林爱梅，魏麟欣. 内部控制、公司治理结构与企业财务绩效［J］. 财会通讯，2017（21）：75－79.

［276］张倩. 内部控制失效案例研究——以金亚科技为例［J］. 农村经济与科技，2020，480（4）：119，122.

［277］张巧良，孙蕊娟. ESG信息披露模式与投资者决策中的锚定效应［J］. 财会通讯，2015（29）：26－29.

［278］张三峰，卜茂亮. 环境规制、环保投入与中国企业生产率——基于中国企业问卷数据的实证研究［J］. 南开经济研究，2011（2）：129－146.

［279］张婷婷. 区域文化对企业社会责任信息披露质量的影响——来自上市公司的证据［J］. 北京工商大学学报（社会科学版），2019，34（1）：1－10.

［280］张微微，姚海鑫. 媒体关注度、信息披露环境与投资者保护——基于中国上市公司数据的实证分析［J］. 辽宁大学学报（哲学社会科学版），2019，47（3）：66－74.

［281］张维迎. 所有制、治理结构及委托－代理关系——兼评崔之元和周其仁的一些观点［J］. 经济研究，1996（9）：3－53.

［282］张兆国，靳小翠，李庚秦. 企业社会责任与财务绩效之间交互跨期影响实证研究［J］. 会计研究，2013（8）：32－39，96.

［283］张兆国，梁志钢，尹开国. 利益相关者视角下企业社会责任问题研究［J］. 企业管理，2012（2）：139－146.

［284］张忠华，刘飞. 循环经济理论的思想渊源与科学内涵［J］. 发展研究，2016（11）：15－19.

［285］赵茜，石泓. 社会责任视角下的企业环境绩效评价指标体系

构建研究［J］. 商业经济，2012（4）：54－55，91.

［286］赵艳荣，叶陈毅，李响. 基于战略视角的企业社会责任管理研究［J］. 企业经济，2012，31（9）：35－38.

［287］证监会. 上市公司治理准则（2018）［S］. 2018：1－23.

［288］中《国企业社会责任评价准则（CEEA－CSR2.0）》在京发布［EB/OL］. 新华网，http：//www.xinhuanet.com/fortune/2020－07/30/c_1126305110.htm，2020－07－30.

［289］中国工商银行. 全球抗疫——中国工商银行在行动［R］. 2020.

［290］中国工商银行. 中国工商银行2018社会责任报告［R］. 2019.

［291］中国工商银行. 中国工商银行2019社会责任报告［R］. 2020.

［292］中国工商银行绿色金融课题组. ESG绿色评级及绿色指数研究［J］. 金融论坛，2017（9）：3－14.

［293］中国人民银行，财政部，发展改革委，环境保护部，银监会，证监会，保监会. 关于构建绿色金融体系的指导意见［S］. 2016.

［294］中国五矿集团. 中国五矿集团可持续发展报告2019［R］. 2020.

［295］中国证券投资基金业协会，国务院发展研究中心金融研究所. 中国上市公司ESG评价体系研究报告［R］. 2018.

［296］中国证券投资基金业协会. 践行ESG投资 引领资本市场新趋势——公募基金行业献礼新中国成立70周年［N］. 中国证券报，2019－09－27.

［297］中国证券投资基金业协会. 绿色投资指引（试行）［S］. 2018.

［298］中海油. 中海油2019可持续发展报告［R］. 2020.

［299］中基协. ESG理论、政策与实践应当充分关注我国实际［EB/

OL］．蓝鲸财经，https：//www.financialnews.com.cn/zq/pevc/201911/t20191121_171897.html，2020－11－19.

［300］周心仪．绿色金融模式下 ESG 指数助推经济可持续发展的研究［J］．中国商论，2020（18）：62－63.

［301］周祖城．企业社会责任：视角、形式与内涵［J］．理论学刊，2005（2）：58－61.

［302］朱长春．公司治理标准［M］．北京：清华大学出版社，2014.

［303］朱乐，陈承．关系嵌入视角下高管团队异质性对企业社会责任绩效的影响研究［J］．管理学报，2020，17（9）：1318－1326.

［304］左锐，马晓娟，李玉洁．企业诚信文化、内部控制与创新效率［J］．统计与决策，2020（9）：154－158.

附　　录

中英文对照表

英文全称	缩略语	中文名称
Assets Under Management	AUM	管理资产
Carbon Disclosure Project	CDP	碳排放信息披露项目
Coalition for Environmentally Responsible Economics	CERES	环境责任经济联盟
Corporate Environmental Responsibility	CER	企业环境责任
Corporate Social Responsibility	CSR	企业社会责任
Dow Jones Sustainability Indices	DJSI	道琼斯可持续发展指数
Environmental Protection Agency	EPA	美国国家环境保护署
European Union Emission Trading Scheme	EU ETS	欧盟碳排放交易体系
Financial Accounting Standards Board	FASB	财务会计准则委员会
FTSE Russell	—	富时罗素
Global Compact	—	全球契约
Global Impact Investing Network	GIIN	全球影响力投资网络
Global Reporting Initiative	GRI	全球报告倡议组织
Global Sustainability Standards Board	GSSB	全球可持续标准委员会
Global Sustainable Investment Alliance	GSIA	全球可持续投资联盟
Greenhouse Gas Reporting Program	GHGRP	温室气体报告项目
Impact Investing	—	影响力投资
International Integrated Reporting Council	IIRC	国际综合报告委员会

续表

英文全称	缩略语	中文名称
International Standard Organization	ISO	国际标准化组织
Intergovernmental Panel on Climate Change	IPCC	政府间气候变化专门委员会
Leadership in Energy and Environmental Design	LEED	能源与环境设计先锋
Morgan Stanley Capital International	MSCI	摩根士丹利资本国际公司
Mutual Fund	—	共同基金
Non – Governmental Organizations	NGO	非政府组织
Principles for Responsible Investment	PRI	负责任投资原则
Regional Greenhouse Gas Initiative	RGGI	区域温室气体行动计划
Sustainable Development Goals	SDG	联合国可持续发展目标
Securities and Exchange Commission	SEC	美国证券交易委员会
Social Accountability International	SAI	社会责任国际组织
Socially Responsible Investment	SRI	社会责任投资
Sustainability Accounting Standards Board	SASB	可持续发展会计准则委员会
Sustainable Stock Exchanges Initiative	SSEI	可持续证券交易所倡议
Task Force on Climate – Related Financial Disclosures	TCFD	气候变化相关财务信息披露工作组
United Nations Environment Programme	UNEP	联合国环境规划署
United Nations Environment Programme Finance Initiative	UNEP FI	联合国环境规划署金融行动机构
United Nations Global Compact	UNGC	联合国全球契约组织
The Forum for Sustainable and Responsible Investment	USSIF	美国社会责任投资论坛
World Bank	WB	世界银行
World Economic Forum	WEF	世界经济论坛
World Meteorological Organization	WMO	世界气象组织
Workforce Disclosure Initiative	WDI	劳动力披露倡议
World Resources Institute	WRI	世界资源研究所